Todos los colores
del Universo

Pere Serra Coromina

Todos los colores del Universo

El descubrimiento del espectro de radiación electromagnética

UNIVERSITAT DE BARCELONA

Edicions

Colección
Catálisis

Universidad de Barcelona. Datos catalográficos

Serra Coromina, Pere, autor
[Tots els colors de l'Univers. Castellà]

Todos los colores del Universo : el descubrimiento
del espectro de radiación electromagnética. –
(Colección Catálisis)

Inclou bibliografia
ISBN 978-84-1050-143-0

I. Pérez, Rosa, traductor   II. Títol   III. Col·lecció:
Colección Catálisis
1. Llum   2. Radiació   3. Ones electromagnètiques
4. Història de la ciència   5. Descobriments científics

© Edicions de la Universitat de Barcelona
   Adolf Florensa, s/n
   08028 Barcelona
   Tel.: 934 035 430
   www.edicions.ub.edu
   comercial.edicions@ub.edu

Director de la colección y edición científica: David Bueno

Traducción al castellano: Rosa Pérez

Imagen de cubierta: Iridescencias en el nácar de una concha
de oreja de mar.

ISBN: 978-84-1050-143-0
Depósito legal: B 6697-2025
Impresión y encuadernación: Gráficas Rey

Lo mismo que la ciencia humana puede descomponer la luz y examinar cada uno de sus rayos...

CHARLES DICKENS,
Historia de dos ciudades

Sumario

Esta es la historia de un descubrimiento inusualmente largo.

Desde que se obtuvieron las primeras evidencias hasta que se dio por completado —si es que eso puede hacerse alguna vez del todo— pasaron dos siglos y medio, una duración muy superior a la de la mayoría de los descubrimientos científicos, que rara vez superan el espacio de una vida. En el transcurso de esos años, el hallazgo fue tomando poco a poco forma, como los esqueletos que componen los paleontólogos a partir de los fragmentos provenientes de los registros fósiles. Y, al igual que ocurre con la paleontología, durante el proceso se alternaron periodos en los que las evidencias se sucedían una tras otra con temporadas de calma y apatía.

Sin embargo, cuando vamos a buscar las herramientas empleadas para sacar el descubrimiento a la luz, no encontramos las paletas y los cinceles con los que escarban la tierra los paleontólogos, sino una cantidad considerable de experimentos de las más diversas índoles, cuyos resultados aportaron las piezas imprescindibles para dar forma al descubrimiento.

Algunos de esos experimentos fueron producto del azar; otros, de una estrategia planificada con todo detalle. Los hubo que nacieron de una idea feliz y otros que lo hicieron de un razonamiento elaborado y complejo. También hubo el fruto de algún prejuicio y un experimento inspirado por las estrellas. Y alguien imaginó uno que no llegó a realizar jamás, aunque habría acertado de lleno. Asimismo, algunos cayeron en el olvido y otros adquirieron fama de inmediato; e incluso hubo un experimento que su autor ocultó entre pliegos y más pliegos de papel por temor a una crítica despiadada.

Los experimentos se realizaron en laboratorios de investigación y en estancias privadas, en instituciones académicas y en palacios lujosos, en habitaciones oscuras y en jardines soleados; y los llevaron a cabo investigadores profesionales, profesores universitarios, aristócratas ociosos y científicos aficionados de distintos orígenes.

Esta es, en realidad, la historia de todos esos experimentos.

Preludio

El diagrama del espectro de radiación electromagnética es, junto con la tabla periódica de los elementos, uno de los pósteres más habituales en las aulas de ciencia y laboratorios de todo el mundo (en la red pueden encontrarse ejemplos para todos los gustos). Aunque el gráfico admite múltiples configuraciones, la versión más popular consiste en la representación de dos escalas rectilíneas paralelas, una de las cuales muestra la frecuencia[1] de oscilación del campo electromagnético y, la otra, la correspondiente longitud de onda.[2] Los valores extremos de las escalas no están bien determinados, por lo que suelen variar en función de las preferencias de su creador. Sin embargo, en todos los casos, su amplitud es tan grande que siempre deben presentarse en escala logarítmica, es decir, las marcas de graduación se disponen con un espaciado constante entre potencias de 10 consecutivas, en proporción geométrica: $1, 10, 10^2, 10^3, 10^4$, etc.

Por regla general, las escalas están organizadas en secciones, de distintos tamaños unas respecto a otras, etiquetadas con el nombre de la radiación a la que corresponde cada una: ondas de radio, radiación infrarroja, luz visible, etc. A menudo, el diagrama se acompaña de figuras que com-

---

[1] La frecuencia es la magnitud que mide el número de oscilaciones que el campo electromagnético de la radiación experimenta por unidad de tiempo. Su unidad en el sistema internacional es el hercio (Hz). El periodo de oscilación —el tiempo necesario para que el campo experimente una oscilación completa— es el inverso de la frecuencia. Por ello, $1\,Hz = 1s^{-1}$.

[2] La longitud de onda corresponde a la distancia que recorre una onda a lo largo de un periodo de oscilación. Por tanto, la frecuencia y la longitud de onda están relacionadas por medio de la velocidad de propagación, que en el caso de la radiación electromagnética es la velocidad de la luz: el producto de la longitud de onda por la frecuencia es igual a la velocidad de propagación. Como en cualquier otra distancia, en el sistema internacional la longitud de onda se mide en metros (m).

plementan el contenido con información de carácter más visual. Así, es frecuente mostrar objetos de dimensiones similares a las longitudes de onda, los cuales ayudan al observador a hacerse rápidamente una idea de lo grandes o pequeñas que son esas longitudes; o también se añaden imágenes de aplicaciones prácticas de la radiación asociada a cada sección. Un vistazo rápido a la red permite darse cuenta de que las posibilidades son inagotables: pueden encontrarse desde espectros de una austeridad espartana hasta *collages* verdaderamente indigestos.[3]

En las representaciones más habituales del espectro, en las que la frecuencia se ordena en progresión creciente, la parte más baja de la escala está ocupada por las ondas de radio (en algunas versiones el extremo final se considera una sección aparte, la de las microondas). El rango de longitudes de onda de las ondas de radio es inmenso, desde miles de kilómetros hasta pocos milímetros. Por eso es común decorar la sección con imágenes de objetos de tamaños diversos: líneas eléctricas, edificios, figuras humanas o pequeños animales, cuyos tamaños casan bien con la horquilla de longitudes de onda de la sección, las únicas de dimensiones de escala humana. En lo que respecta a las aplicaciones, nos encontramos de lleno en el reino de las telecomunicaciones.

El final de las ondas de radio —de las microondas, si se quiere— marca el comienzo de la región infrarroja del espectro. Aquí penetramos en el mundo microscópico: las longitudes de onda abarcan desde el tamaño del ojo de una aguja hasta el de una bacteria más bien pequeña. La radiación infrarroja se asocia habitualmente a los fenómenos térmicos, ya que, a las temperaturas que experimentamos en la Tierra, los cuerpos emiten sobre todo ese tipo de radiación; puede decirse que, de hecho, vivimos siempre sumergidos en un océano de radiación infrarroja.

---

[3] Uno de los ejemplos más impresionantes es el *Chart of electromagnetic radiations*, editado en 1944 por The Welch Company; una filigrana aturdidora que parece un retablo gótico confeccionado por un ilustrador de cómics. Merece la pena buscarlo.

Por encima del infrarrojo encontramos la luz visible. En comparación con las otras secciones del espectro, la franja que le corresponde es tan estrecha que, en las escalas de frecuencia y longitud de onda, sería imposible verla si no fuera porque en el diagrama se la representa siempre aparte, muy ampliada. Aunque parezca mentira, en un intervalo tan reducido de valores se alinean todos los colores puros que perciben nuestros ojos, los cuales, de acuerdo con las sensaciones que nos producen, hemos clasificado con los nombres de rojo, naranja, amarillo, verde, azul y violeta. Los colores compuestos (marrón, morado, blanco, etc.) provienen de la superposición de algunas de estas tonalidades puras o de todas.

A medida que seguimos aumentando en frecuencia (disminuyendo en longitud de onda), después de la luz visible entramos en la región ultravioleta del espectro, con longitudes de onda del orden del tamaño de los virus y, por la banda baja, de proteínas más bien grandes, como los anticuerpos. Aunque, por lo general, los ojos de los vertebrados no responden al ultravioleta, hay bastantes insectos que pueden verlo, al menos las frecuencias más cercanas al visible. En el caso de los humanos, el efecto más evidente del ultravioleta es el bronceado que experimenta la piel después de la exposición continuada a la radiación solar.

Más allá del ultravioleta descubrimos los rayos X. Sus longitudes de onda abarcan desde el tamaño de las moléculas hasta los átomos. No hace falta decir que, si con algo asociamos los rayos X es, sin lugar a dudas, con las radiografías médicas, una prueba diagnóstica por la que quien más, quien menos ha pasado en alguna ocasión a lo largo de su vida.

En el último tramo del espectro, en las frecuencias más elevadas, encontramos los rayos gamma. Tienen longitudes de onda desde el tamaño de los núcleos atómicos hasta tan pequeñas como queramos. Al fin y al cabo, al estar en el extremo final del espectro, nunca se sabe hasta dónde se puede llegar. La radiación gamma casi siempre se asocia con la energía nuclear, ya que es un producto típico de las desintegraciones nucleares.

En esencia, todas estas radiaciones, desde las ondas de radio hasta los rayos gamma, son lo mismo: un campo electromagnético oscilante que se propaga en el espacio. Todas son, pues, ondas electromagnéticas, sin otra diferencia entre sí que la frecuencia con la que oscila el campo. Sin embargo, la diferencia es suficiente para hacer que se manifiesten de las formas más variadas y que nosotros, por tanto, las bauticemos con distintos nombres; de hecho, es suficiente para hacer que unas radiaciones las empleemos para comunicarnos a largas distancias, y otras, para volver visible el interior de nuestra anatomía, que con unas nos calentemos desde que aprendimos a dominar el fuego hace milenios y con otras seamos capaces de eliminar patógenos desde que, hace apenas cuatro días, descubrimos la existencia de los gérmenes; y, naturalmente, la diferencia hace que, aunque no podamos ver la mayor parte de ellas, haya unas pocas, unas poquísimas radiaciones que de vez en cuando nos proporcionen el espectáculo del arco iris cuando el sol nos visita después de un rato de lluvia.

El arco iris es, sin ninguna duda, la manifestación más clara y evidente de la existencia del espectro electromagnético y, por tanto, la primera de la que nos dimos cuenta. Con toda seguridad, el fenómeno ya fascinaba a los homínidos que nos precedieron en la contemplación del cielo cientos de miles de años antes de la eclosión de nuestra especie. No obstante, aunque desde muy antiguo intentamos encontrarle una explicación —tenemos constancia de ello en los textos que han sobrevivido al paso del tiempo—, no fue hasta el siglo XVII cuando, en un experimento legendario llevado a cabo en una habitación a oscuras, un joven estudiante universitario inglés logró identificar la clave que permitiría empezar a descifrar esa realidad oculta.

Al descubrimiento del espectro cromático lo siguió el de la radiación infrarroja, después de que un astrónomo aficionado experimentara durante sus observaciones estelares una sensación de extraña incomodidad en el ocular del telescopio. Y, en un abrir y cerrar de ojos, un científico con una visión de la naturaleza un tanto quimérica se convenció de que en el otro extremo del arco iris, más allá del color violeta, debía haber una tercera radiación que le hiciera de contrapunto al infrarrojo. Y así desveló la existencia de la radiación ultravioleta.

Las ondas de radio se descubrieron en la soledad de una sala de conferencias sin público, pero, en cuanto se dio a conocer el hallazgo, la noticia llegó rápidamente a las audiencias de todo el planeta. Poco después, en los jardines de un palacete del norte de Italia, esas ondas inauguraron una nueva era en el mundo de las comunicaciones.

Alrededor de las mismas fechas, un profesor universitario observó, casi por casualidad, un resplandor en una placa fluorescente que no sabía cómo explicar. Los experimentos que realizó para comprender el fenómeno lo llevaron a descubrir un nuevo tipo de radiación que parecía tener el poder de penetrarlo todo, los rayos X. Y, cinco años después, un científico poco convencional encontró un efecto similar con una radiación misteriosa proveniente de un nuevo material radiactivo: eran los rayos gamma.

A todos esos experimentos habría que añadirles otros que, sin desembocar necesariamente en el descubrimiento de alguna radiación concreta, marcaron el rumbo que lo hizo posible y a la vez ayudaron a tomar conciencia de que todas esas radiaciones, desde las ondas de radio hasta los rayos gamma, formaban parte de una misma cosa, del mismo espectro. Un descubrimiento así, realizado a lo largo de una serie de experimentos que se entrelazan unos con otros, con éxitos y fracasos, requiere tiempo, por supuesto. Un tiempo que hemos acabado contando en cientos de años y que, atravesando épocas y geografías diversas, conforma una historia digna de ser contada.

CAPÍTULO 1
Historia de dos científicos

De cómo un científico inglés que no sabía mucho de matemáticas ideó el concepto de campo electromagnético; y de cómo otro científico —un escocés que sí sabía— desarrolló, gracias a eso, una teoría que permitía explicar todos los fenómenos eléctricos y magnéticos conocidos por aquel entonces; y de cómo se pudo predecir de esa forma la existencia de las ondas electromagnéticas.

El 28 de mayo de 1850, Charles Dickens, que por entonces ya era un novelista de renombre, envió una curiosa carta al número 21 de la calle Albemarle de Londres, sede de la Royal Institution.[1] La carta empezaba con el siguiente saludo:

> Distinguido señor:
> Me tomo la libertad de dirigirme a usted como si le conociera en persona, confiando en que puedo dar por hecho que excusará mi atrevimiento.

---

[1] La Royal Institution se fundó en 1799 con una orientación clara hacia las aplicaciones de la ciencia, en contraposición a la investigación más fundamental que se practicaba en la Royal Society.

El destinatario que Dickens no tenía el placer de conocer era Michael Faraday, director del laboratorio de la institución, y, aunque esas primeras líneas no eran otra cosa que una mera cortesía, el texto sí encerraba, más adelante, un verdadero atrevimiento: el escritor solicitaba al científico las notas de sus últimas conferencias.

Hacía poco que Dickens había puesto en marcha un nuevo proyecto, *Household Words*, una revista semanal de bajo coste en la que se publicaban desde artículos de interés general hasta novelas por entregas. Impresionado por el éxito que siempre tenían las conferencias de Faraday, aptas para todos los públicos, Dickens pensó que sería apropiado, de acuerdo con la vocación formativa de la revista, incluir breves relatos basados en los temas de sus charlas, por lo común explicaciones científicas de fenómenos domésticos como la química de una llama o el fundamento termodinámico de una tetera. De ahí que el novelista se decidiera a pedirle prestados al científico los apuntes que utilizaba para preparar las conferencias.

En unos tiempos en los que la copia de cualquier documento que no estuviera destinado a la imprenta tenía que hacerse a mano, era extremadamente raro que alguien conservara duplicados de unas notas preparatorias. Por eso la petición de Dickens era de una osadía poco común: si aceptaba, Faraday tendría que enviarle los originales; y eso hizo.

Ambos, Dickens y Faraday, compartían un mismo afán por llegar al gran público, sobre todo a la gente de clase trabajadora, buena parte de la cual había tenido una escolarización deficiente y vivía en unas condiciones que, si no miserables, eran cuando menos precarias. En unas narraciones atestadas de sentimentalismo y personajes extravagantes, Dickens denunciaba las desigualdades que la sociedad victoriana toleraba con indiferencia. Y, gracias a su justa proporción de sátira y melodrama, el escritor logró triunfar no solo entre la clase media instruida, sino también —y ahí radicaba la novedad— entre los obreros analfabetos que pagaban medio penique para que alguien les leyera la próxima entrega de *Oliver*

Twist. Por su parte, Faraday, con las conferencias que impartía en la Royal Institution desde 1823, había llevado el arte de la comunicación a un nivel desconocido hasta el momento. Haciendo uso de un lenguaje sencillo y cercano, y de multitud de experiencias demostrativas, el científico explicaba a la gente de la calle la ciencia que se escondía detrás de los hechos más cotidianos.

El interés tanto de Dickens como de Faraday por dar acceso a la cultura y al progreso a una clase trabajadora ignorada hasta entonces permite entender en nuestro tiempo que el segundo aceptara sin reservas ceder al primero los preciados originales de las notas de sus conferencias. El 11 de diciembre de ese 1850, con algunos «relatos científicos» ya publicados en *Household Words*, Dickens envió otra carta a Faraday, esa vez acompañada de un obsequio —un libro— como muestra de agradecimiento. Aunque el texto de la carta no aclara su título, por la fecha en la que se envió todo apunta a que el obsequio era un ejemplar de la primera edición de *David Copperfield*, considerada hoy en día una de las obras maestras del autor.

De no haber sido por ese episodio, es probable que Dickens y Faraday, con actividades tan distintas el uno del otro, no hubieran intercambiado ni una palabra a lo largo de su vida. Sin embargo, no fue así y es una suerte, ya que hay que reconocer que la historia tiene un encanto especial. Sobre todo, cuando descubrimos que la figura del propio Faraday parece surgida de las páginas de una obra de Dickens. Basta con echarle un vistazo a su biografía para darnos cuenta de que no ha existido un científico más digno de protagonizar una novela dickensiana que Michael Faraday. Es como si, al pedirle las notas de las conferencias, Dickens se hubiera dirigido desde la realidad a uno de sus propios personajes de ficción.

Procedente del norte de Inglaterra, la familia de Faraday se había afincado en Londres con pocos medios unos meses antes del nacimiento del futuro científico. Hijo de un herrero de salud frágil, el pequeño Michael pasó su infancia entre la calle y la escuela, de la que él mismo nos hizo saber que recibió una «educación de la índole más ordinaria, consistente en poco más que unos rudimentos de lectura, escritura y aritmética». Y, cuando ya estaba muy cerca de la adolescencia, el empeoramiento de la salud de su padre y el aumento del precio de los alimentos lo obligaron en 1804, con tan solo trece años, a dejar la escuela y ponerse a trabajar para ayudar a mantener a la familia con su salario. Así fue como el joven Michael se incorporó al taller de un librero y encuadernador francés que se llamaba George Riebau.

(El origen humilde, la escolarización mediocre, las dificultades económicas, el ingreso en el mundo laboral a una edad aún tierna, un patrón poco habitual —librero, encuadernador y francés—: a la receta dickensiana no le falta ni un solo ingrediente. Ahora, para ir bien, la narración tendría que continuar con una historia de superación personal que pusiera de manifiesto las virtudes del protagonista).

Al principio, el trabajo consistió únicamente en repartir los periódicos, una tarea sencilla, apropiada para un adolescente sin apenas estudios ni experiencia. Pero la vivacidad del joven pronto llamó la atención de Riebau. Pensando que Faraday podría llegar a convertirse en un buen artesano, el francés le propuso que fuera su aprendiz de encuadernador. Nadie habría podido imaginar entonces las repercusiones de esa oferta. Además de ponerles las cubiertas, a lo largo de los años Faraday se dedicó a leer tantos libros como pudo de entre los que pasaron por sus manos, de cualquier género y temática. Enseguida descubrió que los que más le gustaban eran los de ciencia y, hechizado por los experimentos que describían, habilitó un rincón del taller de encuadernación para instalar un pequeño laboratorio casero en el que poder reproducirlos. Y, para completar el programa de aprendizaje que se había impuesto, asistió a tantas conferencias como le fue posible, cada vez de científicos más prestigiosos. Por desgracia, tarde o temprano la cruda realidad de la era victoriana tenía que imponerse para demostrarle que ciertas pretensiones no estaban al alcance de un simple aprendiz de encuadernador.

En el invierno de 1812, Humphry Davy, el célebre químico de Cornualles, tenía que impartir en la Royal Institution —a un paso del establecimiento de Riebau— una serie de lecciones destinadas al público no experto. Nada habría complacido más a Faraday que asistir. El problema era que con el sueldo de aprendiz no podía pagarse la entrada.

(En una novela de Dickens, una situación así se resolvería con la aparición de un benefactor inesperado que se encargaría de proporcionar al joven protagonista el acceso a las codiciadas conferencias, las cuales tendrían un papel relevante en la continuación de la historia).

Unos días antes del inicio del curso de Davy, Riebau había mostrado a un cliente habitual algunas de las libretas de laboratorio de Faraday, ya que estaban encuadernadas con un gusto tan exquisito que eran dignas de enseñar. Impresionado por la calidad de los cuadernos, el cliente lo comentó con su padre, William Dance,[2] músico de profesión y miembro de la Royal Institution, quien, al conocer el interés del joven por las conferencias, decidió regalarle las entradas.

A lo largo de los días que duraron las lecciones, Faraday fue siempre de los primeros en llegar al auditorio; así se aseguraba un buen asiento que le permitiera seguir el discurso del químico sin perderse detalle. Las anotaciones que hacía allí las pasaba luego a limpio durante los pocos ratos libres que le arañaba al trabajo.

(Una anécdota como esta en una ficción dickensiana es el presagio inequívoco de un giro en el relato; y, cuando el giro se produce, suele estar propiciado por un golpe del destino).

El azar quiso que, no mucho después de las conferencias, Davy sufriera un accidente en el laboratorio. Una explosión desencadenada en el curso de un desafortunado experimento estuvo a punto de dejarlo ciego. Mien-

---

[2] Tiene gracia que el músico se llamara Dance ('danza', en inglés). Incluso la comicidad del nombre es dickensiana. A Dickens le gustaba bautizar a algunos de sus personajes con nombres divertidos: Anne Chickenstalker, Mr. Sowerberry, etc.

tras durara su recuperación, el químico necesitaría un asistente que tomara notas por él. De nuevo, William Dance, esa curiosa encarnación del ángel de la guarda, entró en escena para recomendar a Faraday para el trabajo. Davy le hizo caso y el joven fue contratado como ayudante de laboratorio. No obstante, el nuevo patrón le advirtió desde el principio que el trabajo era temporal y le aconsejó que no dejara el oficio de encuadernador. La advertencia no fue en vano: a las pocas semanas, el químico se recuperó y Faraday tuvo que regresar al taller.

(Ya se sabe que Dickens no permite que el protagonista se rinda fácilmente y le hace encontrar una salida, a menudo atrevida e ingeniosa, para seguir adelante con su propósito).

A finales de diciembre de 1812, decidido a no dejar escapar la oportunidad que le había brindado el accidente, Faraday escribió una solicitud de trabajo al químico, a la que añadió los apuntes de las conferencias del invierno anterior bellamente encuadernados. Días más tarde, un criado de librea se presentó en el taller de Riebau para reclamar la presencia de Faraday en la Royal Institution al día siguiente por la mañana. Puntual a la cita, el joven fue recibido por Davy en persona, quien le ofreció allí mismo una plaza fija de ayudante de laboratorio con un sueldo de una guinea semanal y alojamiento en el desván de la institución. En marzo de 1813, Faraday se incorporó a su nuevo trabajo.

(No es extraño que Dickens nos obsequie con un final feliz; y en ciertas ocasiones nos informa, en un breve epílogo, de que la promesa de un futuro brillante que auguraba el carácter decidido del protagonista se hace realidad).

Diversas voces afirman que, al cabo de los años, cuando el nuevo ayudante de laboratorio ya se había convertido en un investigador consagrado, Davy solía comentar —nadie sabe si con una pizca de orgullo o de envidia— que el mayor descubrimiento científico de su vida había sido Michael Faraday.

Bajo la influencia de Davy, Faraday se centró en sus inicios en el estudio de la química, la ciencia con la que empezó a forjarse una reputación como científico y en la que seguiría trabajando hasta el final de sus días. A pesar de ello, pronto le llamaron también la atención la electricidad y el magnetismo, unos fenómenos de lo más atractivos en lo concerniente a las posibilidades de hacer nuevos descubrimientos, especialmente desde que el danés Hans Christian Ørsted había encontrado un vínculo entre ambos.

Ørsted se había dado cuenta de que, al hacer circular una corriente eléctrica por un hilo conductor, de repente aparecía una fuerza misteriosa que tenía el poder de desviar la aguja de la brújula (hasta entonces se creía que solo podían hacerlo los imanes). Pocos meses después, al conocer el descubrimiento, el francés André Marie Ampère se afanó en elaborar una compleja teoría que describía la interacción magnética como un efecto característico de las corrientes eléctricas y dejaba los imanes en un segundo plano (el magnetismo de los imanes tenía que ser, según Ampère, consecuencia de la existencia de corrientes eléctricas microscópicas en su interior, cuyo origen era completamente desconocido en la época).

Fue justo en ese punto donde Faraday inició su investigación en el mundo de la electricidad. Aprovechando que Ampère había descubierto que la fuerza magnética no solo desviaba la aguja de la brújula, sino que también podía atraer o repeler una corriente eléctrica, Faraday, con la ayuda de un imán, logró que una barra girara alrededor de un eje haciendo circular una corriente a través de ella. Aunque el inglés no tenía más propósito con el experimento que demostrar que podía mantenerse el movimiento mientras la electricidad no dejara de fluir, en realidad —y sin saberlo—, había puesto en funcionamiento el primer motor eléctrico de la historia (en un futuro no muy lejano, los nietos y bisnietos de ese artefacto se utilizarían para transportar multitudes de un punto a otro de la ciudad). Era el mes de septiembre de 1821; apenas había transcurrido un año desde el experimento de Ørsted.

Sin embargo, debido a su falta de formación universitaria, Faraday no sabía suficientes matemáticas para entender la teoría de Ampère hasta el último detalle. La teoría bebía directamente de la venerable fuente de Newton, que ciento cincuenta años atrás había establecido que la fuerza gravitatoria actuaba entre los cuerpos a distancia, sin ningún intermediario que los conectara, y que lo hacía de manera instantánea. Por analogía, Ampère —y con él la mayoría de los científicos de la época— daba por hecho que tenía que ocurrir lo mismo con la acción eléctrica y la magnética.

Faraday, en cambio, protegido de una influencia newtoniana excesiva debido a sus limitaciones en materia de cálculo, veía las cosas de otra forma. A diferencia de sus contemporáneos, la idea de que un cuerpo (ya fuera una masa, una carga eléctrica o un imán) pudiera ejercer sobre otro una fuerza a distancia y, encima, hacerlo instantáneamente, le resultaba difícil de aceptar. Y la acción a distancia no era el único aspecto de la teoría de Ampère que no le gustaba. El francés describía cómo las corrientes eléctricas originaban la fuerza magnética, pero en ningún momento tenía en cuenta que el proceso inverso fuera posible, que las fuerzas magnéticas pudieran generar corrientes eléctricas. En la visión del mundo de Faraday, la asimetría era inaceptable. Por ello, convencido de que tenía que poder producirse electricidad a partir del magnetismo, decidió empezar a investigar con el propósito de demostrarlo. Por suerte, para hacerlo no necesitaba demasiadas matemáticas: después de probar diversas estrategias, al final lo consiguió con algo de hilo conductor, un imán y poco más.

La bobina estaba formada por un carrete de hilo de cobre enrollado en torno a un tubo de cartón. De ambos extremos del carrete colgaban sobrantes de hilo que, conectados directamente a un galvanómetro,[3] ce-

---

[3] Un galvanómetro es un aparato que mide la intensidad de la corriente eléctrica. Su funcionamiento se basa en la fuerza que ejerce un imán sobre una corriente, precisamente la fuerza que descubrió Ampère en 1820.

rraban el circuito. Por extraño que fuera, no había ninguna batería que suministrara la corriente que debía medir el aparato. Así pues, aparentemente, era el circuito más absurdo de todos los tiempos. Pero, bien mirado, resultó ser el circuito menos absurdo de todos los tiempos. Cuando ese 17 de octubre de 1831 Faraday introdujo una barra imantada en el tubo, por un instante la aguja del galvanómetro se desvió hacia un lado. Una vez dentro el imán, ya quieto, no se registraba nada. Al sacarlo, se producía otra desviación, ahora en sentido contrario al anterior. La prueba, de una simplicidad pasmosa, demostraba que el magnetismo podía generar corrientes eléctricas, aunque no como el científico siempre había imaginado (Figura 1).

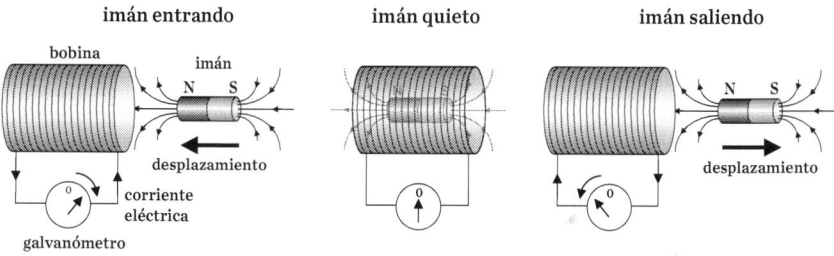

Figura 1. Experimento de Faraday de la inducción electromagnética. Cuando el imán entra en la bobina, se induce una corriente eléctrica en el circuito; con el imán quieto, no hay corriente; cuando sale, la corriente vuelve a circular por el circuito, esta vez en sentido contrario al de la entrada (esquema del autor).

Ya en 1824, Faraday había medido la corriente que circulaba por una bobina conectada a una batería, antes y después de colocar un imán dentro, sin que hubiera detectado ninguna diferencia entre las dos situaciones. Había llevado a cabo más intentos en 1825 y 1828, y quién sabe si algún otro del que no queda constancia en su libreta de laboratorio. Siempre con resultados negativos, pues el inglés esperaba que fuera la mera presencia del imán dentro del circuito lo que originara la corriente. No obstante, el experimento de 1831 demostraba que no era así. El movimiento era imprescindible: el cambio, la variación eran necesarios. Y, cuanto más repentinos fueran, más intenso sería el efecto. Faraday llamó inducción[4] al nuevo fenómeno y, así como el primer gran éxito en materia de electricidad le había servido para establecer las bases del motor eléctrico, con ese nuevo resultado estableció las del alternador. En lenguaje moderno, ahora decimos que la inducción es el fenómeno según el cual una variación de flujo de campo magnético en un circuito se traduce en la aparición de una corriente eléctrica. Sin embargo, en 1831 nadie habría entendido una frase como esta. Salvo, quizá, el propio Faraday. Porque el único lugar donde, en 1831, podría haberse encontrado algo parecido a la noción actual de campo magnético habría sido entre los pliegues de su propio cerebro.

El descubrimiento de la inducción reafirmó el desacuerdo de Faraday con la idea de que las fuerzas eléctricas y magnéticas actuaban a distancia. Aunque era cierto que la acción a distancia había permitido explicar la mayoría de los fenómenos entonces conocidos, el científico no lograba ver cómo también podía dar respuesta al hecho de que, en el caso de la inducción, se estableciera una corriente en la bobina solo cuando el imán se movía. Y mucho menos considerando una cuestión que ya en las primeras realizaciones del experimento se había asegurado de no pasar por alto: que el efecto dependía únicamente del movimiento relativo entre el imán y el circuito. Se inducía corriente tanto cuando se desplazaba el imán respecto a la bobina como cuando el primero se mantenía inmóvil y la segunda se desplazaba. Si desde un buen principio Faraday no se había sentido muy cómodo con la descripción de la electricidad y el magnetismo que hacían sus coetáneos, con el descubrimiento de la inducción vio claro que, si quería encontrar una interpretación satisfactoria de esos fenómenos, debía dejarse de cuentos y hacerle caso al instinto. Y ya hacía tiempo

---

[4] El fenómeno fue descubierto de manera independiente por el científico estadounidense Joseph Henry, pero este no se preocupó de publicarlo, al menos no tan rápidamente como Faraday, cuyo artículo apareció al cabo de un mes de haber realizado el experimento. En ciencia, hay que estar siempre a la que salta.

que el instinto lo había empujado a fijarse en las curiosas formas que dibujaban las limaduras de hierro cuando, esparcidas sobre una superficie, se colocaba un imán debajo.

Las limaduras se orientaban a lo largo de curvas bien definidas que unían los polos norte y sur del imán, como si se tratara de caminos magnéticos invisibles que iban de uno a otro. El efecto —las cosas como son— no lo había descubierto Faraday. Más de un predecesor suyo (Davy, por ejemplo) ya se había entretenido con él en el pasado. Aun así, nadie aparte del antiguo aprendiz de encuadernador había llegado a ver en esas enigmáticas geometrías nada que no fuera un mero divertimento o un mecanismo alternativo a la brújula para poner de manifiesto la acción del magnetismo. Faraday, por el contrario, otorgó desde muy pronto condición de realidad a las curvas magnéticas. Él imaginaba una presencia invisible, quizá inmaterial, alrededor del imán y de las corrientes, responsable de la interacción con los otros imanes, con las otras corrientes y, por supuesto, con las limaduras de hierro. En su particular visión, no era el imán el que las orientaba desde la distancia, sino que este se limitaba a crear algo a su alrededor, esa presencia misteriosa, que acababa siendo la que realmente las alineaba y que se manifestaba en las curvas que dibujaban. Aunque a lo largo de los años el inglés jamás logró aclarar la auténtica naturaleza de aquella realidad intangible, lo cierto es que tampoco dejó de confiar en ella ni un solo instante. Faraday lo llamaba líneas de fuerza; ahora lo llamamos campo magnético.

El nuevo concepto de campo ofrecía una explicación para el resultado del experimento de Ørsted igual de buena que la acción a distancia. Al fin y al cabo, la única diferencia en el escenario planteado por Faraday era la figura del intermediario a la hora de actuar sobre la aguja de la brújula: en vez de desviarla directamente, la corriente eléctrica delegaba la tarea en el campo magnético. Pero, además, la nueva idea también ayudaba a explicar la inducción (o, como mínimo, así lo veía su descubridor). Según Faraday, el responsable de que se estableciera la corriente inducida en el circuito era la variación temporal del número de líneas de campo que lo atravesaban. Por esa razón, el galvanómetro no registraba nada con el imán quieto en el interior de la bobina y, en cambio, sí lo hacía tanto en la entrada como en la salida, cuando el número de líneas aumentaba o disminuía; y, por la misma razón, el efecto dependía únicamente del movimiento relativo (la variación se producía tanto si se movía el uno como la otra). El motivo por el que el incremento o la disminución en la cantidad de líneas de campo magnético que atravesaban un circuito se traducía en la aparición de una corriente se le escapaba. Sin embargo, lo esencial era que con el concepto de campo podía explicar la inducción, mientras que sin ella no había manera de hacerlo. Y, de paso, dejaba fuera del juego la acción a distancia que tanto lo incomodaba.

Si la interacción magnética tenía un campo como mediador, también debía tenerlo la interacción eléctrica. Para hacerlo visible, Faraday utilizó diversos procedimientos. Uno de los más efectivos fue la producción de descargas en gases. Al situar dos electrodos en un recipiente de vidrio con un gas a baja presión dentro y someterlos a un voltaje suficiente, entre los dos se producía una descarga que mostraba una distribución de líneas luminosas similar a las curvas magnéticas de las limaduras de hierro. La analogía era casi perfecta. Todo indicaba, por tanto, que también existía un campo eléctrico, equivalente al magnético, responsable de las fuerzas de atracción y repulsión entre cargas eléctricas que se conocían desde la antigüedad.

Aunque al principio era reacio a publicar unas ideas tan contrarias a la ortodoxia, al final Faraday se vio obligado a hacerlo. De lo contrario, habría tenido que dejar sin interpretar el descubrimiento de la inducción, limitarlo a un mero resultado experimental, y eso no le parecía admisible. A partir de mediados de la década de 1840, el inglés empezó a mencionar abiertamente las líneas de fuerza en sus publicaciones.

Haciendo uso del nuevo concepto, Faraday no solo consiguió aportar una interpretación coherente de la inducción, sino que también pudo explicar algunas de las propiedades eléctricas y magnéticas que él mismo había descubierto hacía poco en diversos materiales. A pesar de todo, el éxito del modelo era limitado. El concepto funcionaba bien cualitativamente, pero carecía del fundamento matemático que se le exigía a una teoría científica «como es debido». Por desgracia, Faraday no podía hacer nada al respecto. El desconocimiento del lenguaje del álgebra y del cálculo que arrastraba desde su juventud le impedía ir más allá en el desarrollo de su idea.

Las consecuencias de esas limitaciones fueron dolorosas. La reputación de Faraday como científico se debilitó a causa del atrevimiento que suponía renunciar a una interpretación de la naturaleza que había funcionado perfectamente desde los tiempos de Newton y sustituirla por un modelo extravagante que no permitía un análisis cuantitativo riguroso. Quizá nadie cuestionara la valía del Faraday experimentador, pero, en lo que respectaba a la teoría de las líneas de fuerza, eran muy pocos los que no lo miraban por encima del hombro.

En este punto, la narración vuelve a adquirir tintes literarios. Y de nuevo intuimos en ella un cierto aroma dickensiano. Faraday, un hombre ya mayor, tiene que soportar que a la mayoría de sus colegas, que lo reverencian cuando lo tienen delante, se les escape una sonrisa burlona cuando les da la espalda. Entonces, justo en el momento en que el abandono parece inevitable, acude a su rescate un joven lleno de talento y de buenas intenciones que, por su edad y porque viene de lejos, no ha caído en la telaraña de prejuicios que cada vez arrinconan más al viejo científico. El joven, además, domina a la perfección tanto el arsenal de teoremas y ecuaciones de los que Faraday siempre había andado corto como las artes experimentales que habían llevado al anciano a la cima de su profesión.

El 10 de diciembre de 1855, un científico de tan solo veinticuatro años presentó ante la Royal Society de Londres un trabajo con un título tan atrevido como elocuente: *On Faraday's lines of force.*

Nacido en Escocia en el seno de una familia acomodada, James Clerk Maxwell había estudiado ciencias y filosofía en Edimburgo. Como el resto de las universidades escocesas, Edimburgo se caracterizaba por ofrecer una formación muy completa, con una orientación práctica superior a la de sus primas inglesas, así como por infundir en los estudiantes el hábito del pensamiento independiente. Aunque los intereses del joven eran tan diversos como la formación que estaba recibiendo, desde el principio mostró aptitudes fuera de lo común en matemáticas y ciencias naturales y, gracias a un programa de estudios que él mismo calificaba de poco exigente, pudo invertir las horas libres de las que disponía en experimentar por su cuenta tanto como quiso. Su dedicación extra a la ciencia dio rápidamente fruto y con solo dieciocho años publicó el primer artículo en el campo de la física, un trabajo sobre las propiedades elásticas de los sólidos.

Tres años después de haber ingresado en Edimburgo, Maxwell se trasladó a la universidad inglesa de Cambridge, que destacaba por la buena preparación en matemáticas de sus discípulos. Justo lo que el escocés necesitaba para complementar sus estudios. Con todo, y a pesar de las buenas perspectivas, de entrada, la universidad lo decepcionó. El ambiente del *college* en el que se había inscrito, Peterhouse, le pareció de una mediocridad insufrible: ni un solo compañero manifestaba el menor entusiasmo por las cuestiones que tanto lo fascinaban. Por suerte, la situación dio un giro de 180 grados cuando, antes de terminar el trimestre, logró que lo transfirieran a otro *college*: Trinity. Allí se respiraba un aire de curiosidad desbordante que nada tenía que ver con la atmósfera aletargada de Peterhouse. Esa vez sí había acertado. El Trinity College, famoso por haber acogido a los más grandes científicos desde su fundación en el siglo XVI, era de largo la mejor elección posible. En 1854, Maxwell se graduó con honores y al año siguiente supo aprovechar el álgebra y el cálculo que había aprendido en Cambridge para dotar de ecuaciones a la idea del viejo científico inglés que casi nadie se había tomado en serio hasta entonces.

En el trabajo que presentó en la Royal Society, Maxwell se apropiaba de las líneas de campo eléctrico y magnético imaginadas por Faraday y las asimilaba a las líneas de flujo que describen el comportamiento de los fluidos en movimiento. De acuerdo con el modelo, las cargas positivas actuarían como fuentes de las que surgiría el hipotético fluido eléctrico, que posteriormente sería engullido por las cargas negativas. De forma similar, las líneas de campo magnético, al cerrarse alrededor de las corrientes, serían remolinos del otro fluido, el propio del magnetismo. Esa analogía le permitía recoger la idea que Faraday había intentado esbozar en sus publicaciones y darle la forma matemática que le faltaba. En definitiva, se trataba de aplicar los métodos ya conocidos de la dinámica de los fluidos a la nueva —y aún desconcertante— realidad del campo. Así, el escocés consiguió describir todos los fenómenos eléctricos y magnéticos independientes del tiempo, como, por ejemplo, la interacción entre cargas eléctricas estáticas o el magnetismo de Ampère.

Sin embargo, a la hora de explicar los fenómenos variables con el tiempo (la inducción, por ejemplo), el modelo se quedaba corto, por lo que Maxwell lo sustituyó al cabo de poco por otro en el que abandonaba el paralelismo con los fluidos y situaba la existencia de los campos eléctricos y magnéticos en el seno de un medio elástico.[5] Con el nuevo modelo, que tardó nueve años en completar, proporcionó, esa vez sí, una teoría integral de los fenómenos electromagnéticos que superaba ampliamente cualquiera de los intentos basados en la acción a distancia que la habían precedido.

Después de todo, el concepto de campo ideado por Faraday no resultó ser el disparate que tantísimas personas habían creído que era.

---

[5] Quién sabe si Maxwell encontró la inspiración para ese segundo modelo en el artículo sobre las propiedades elásticas de los sólidos con el que empezó su carrera. Sea como fuere, en la actualidad sabemos que el campo electromagnético existe en el vacío, por lo que no requiere ningún medio que le haga de soporte.

Gracias a la correspondencia entre ambos científicos, sabemos que Maxwell había intercambiado impresiones con Faraday y que, por consiguiente, el inglés estaba al tanto de sus trabajos. Por otra parte, dado que Maxwell se había afincado en Londres en 1860 (como catedrático del King's College), es incluso probable que se reunieran alguna vez para hablar de ellos. No obstante, también es cierto que, aunque el anciano se sentía halagado por los trabajos del joven profesor, sus teorías lo sobrepasaban. Además, ya hacía tiempo que Faraday no siempre estaba lúcido. Lo que había empezado como pérdidas de memoria esporádicas pronto quedó claro que era un declive inexorable de sus capacidades mentales. Aunque finalmente el inglés vivió lo suficiente para asistir a la gestación de la mayor parte de la teoría de Maxwell, su limitadísimo dominio de las matemáticas, por un lado, y el avance de su senilidad, por el otro, le impidieron comprender su alcance. Mientras el edificio teórico crecía sobre los cimientos que él mismo había puesto, su deterioro fue acentuándose y, cuando llegó lo mejor, ya no estuvo en condiciones de apreciarlo.

Además de proporcionar una explicación unitaria de los fenómenos electromagnéticos, la teoría de Maxwell hacía una predicción que confirmaba de lleno una de las viejas obsesiones de Faraday. A partir de sus ecuaciones se deducía que tanto el campo eléctrico como el magnético tenían que propagarse igual que las ondas en un medio, como, por ejemplo, el sonido en el aire o un impulso en una cuerda. Y eso quería decir que la acción electromagnética se transmitía a velocidad finita, tal como el inglés había defendido siempre. Así pues, ya no había cabida para esa acción instantánea con la que nunca había conseguido comulgar. Por desgracia, la noticia llegó tarde. Cuando se publicó la primera versión de la teoría, Faraday aún estaba en activo, pero con las facultades demasiado mermadas para que pudiera ser plenamente consciente de ello. Poco después, abandonó la actividad investigadora de manera definitiva y el 25 de agosto de 1867, sin saber hasta qué punto la teoría de Maxwell estaba reivindicando sus ideas, el antiguo aprendiz de encuadernador se despidió de este mundo con la misma discreción con la que había vivido, sentado en la silla del estudio donde solía pasar el rato desde que se había retirado, en silencio.

Mediante un ejercicio matemático, la teoría de Maxwell predijo la existencia de ondas de naturaleza electromagnética, unas ondas en las que un campo eléctrico y un campo magnético oscilantes, inseparables el uno del otro, se propagaban libremente en el espacio. En apariencia, esas ondas no correspondían a ninguno de los tipos conocidos en la época, pero, al calcular su velocidad, el escocés descubrió que su valor coincidía maravillosamente con el de la velocidad de la luz. Todo indicaba, por tanto, que la luz visible, cuyo carácter ondulatorio se había descubierto no hacía tanto, era una onda electromagnética. Y quien dice la luz, dice las dos radiaciones invisibles que la acompañaban a ambos lados del espectro, la radiación infrarroja y la ultravioleta, conocidas desde los primeros años del siglo XIX. Pese a las distintas formas que tenían de manifestarse, en el fondo, las tres —infrarroja, visible y ultravioleta— eran lo mismo, un campo electromagnético oscilante. Así pues, la audaz idea del campo de Faraday, desarrollada para interpretar una serie de fenómenos sin relación aparente con la luz, había acabado dando pie a una teoría que unificaba la óptica con el electromagnetismo y con la que no solo se explicaba la unidad y continuidad del espectro, sino que también se abrían las puertas al descubrimiento de nuevos tipos de radiación desconocidos hasta entonces. Y todo había sido posible gracias a un estudiante del Trinity College de Cambridge que se había percatado del interés de esa idea y había decidido dotarla de forma matemática. Sin embargo, la historia había empezado mucho tiempo atrás, hacía casi dos siglos, curiosamente con otro estudiante del Trinity —de la misma edad— que, ocioso durante una pandemia, se había dedicado a experimentar con un rayo de luz y un prisma de cristal en busca del origen de los colores.

CAPÍTULO 2

Experimentum crucis

Del descubrimiento del espectro cromático y la leyenda que lo acompaña; y de la publicación de un tratado de óptica; y, también, de cómo algunos experimentos se han realizado «por primera vez» en más de una ocasión a lo largo de la historia.

«*Opticks*, de Newton, es el mayor ejemplo de un compendio de falsedades que en todas sus partes se fundamenta en la observación y el experimento».

Así se expresaba en 1802 el filósofo alemán Friedrich Schelling sobre el texto que reúne casi el cien por cien de la producción científica de Isaac Newton en el terreno de la óptica. En esa época, Schelling era el máximo exponente de la *Naturphilosophie*, una corriente de pensamiento contraria al ideario ilustrado del siglo XVIII que criticaba —según sus seguidores— la excesiva tendencia al análisis propugnada por los herederos de la revolución científica. En su lugar, los pensadores de la *Naturphilosophie* defendían una aproximación más integral y especulativa al conocimiento de la naturaleza, en franca oposición al planteamiento seguido por Newton en su monumental tratado de óptica.

Si la frase de Schelling tiene que ser ejemplo de algo, es de un inmenso despropósito.

Opticks vio la luz —nunca mejor dicho— en 1704. En el libro, Newton desarrolla una elaborada teoría sobre la luz y el color a través de una secuencia ordenada de definiciones, axiomas y teoremas, de forma similar a como lo había hecho con el estudio de la mecánica y la gravitación en los *Principia Mathematica*, su gran obra anterior. Sin embargo, esta vez no obtiene las demostraciones de sus teoremas por deducción matemática, sino, en sus propias palabras, «mediante la razón y el experimento». Efectivamente, en *Opticks* el inglés edifica su teoría a partir de una abundante colección de experimentos y observaciones que había ido recopilando en el transcurso de su vida. De hecho, mucho antes de la publicación del libro, ya había dado a conocer algunos de los primeros resultados en trabajos de menos vuelo, pero, debido a la controversia que habían originado, lo dejó estar y esperó a que sus adversarios, la mayoría de más edad, estuvieran muertos. A los sesenta y dos años, un anciano para la época, presentó finalmente el fruto de esa extensa investigación en una obra cuyo origen habría que buscar muy atrás en el tiempo, en los días en los que el autor aún era un joven estudiante universitario que apenas nadie conocía. Sería entonces cuando nos toparíamos de lleno con la leyenda.

Junto con la anécdota de la caída de la manzana, el episodio más famoso de la vida de Newton es seguramente el descubrimiento del espectro cromático. La tradición nos presenta al joven científico en una habitación a oscuras, fascinado por el precioso abanico de colores que le ofrece un prisma de cristal iluminado por un rayo de sol que se cuela por una rendija. Y de repente se percata, en un oportuno momento de inspiración, de que el sencillo experimento que ha tenido la ocurrencia de llevar a cabo le proporciona la clave del origen de los colores: la luz blanca no es más que la composición de todas las tonalidades del espectro y los colores de los objetos son el fruto de la reflexión selectiva de esa luz sobre ellos.

La imagen es cautivadora, sin duda, casi cinematográfica. Tan cautivadora como descaradamente inexacta. Una visión demasiado romántica de la ciencia nos ha empujado a dar por buenos una serie de episodios pretendidamente históricos que, o bien no ocurrieron nunca, o bien no fueron como nos los han explicado. Y la figura de Newton es, por supuesto, un caldo de cultivo ideal para cualquiera de los dos tipos de fabulación. El incidente de la manzana, sin ir más lejos, podría ser un buen ejemplo del primero. El episodio del prisma lo es, sin duda, del segundo.

En 1665, mientras Inglaterra aún se recuperaba de la guerra civil que la había desangrado durante once años, una nueva calamidad irrumpió en el corazón del país. Después de haber diezmado Europa a mediados del siglo XIV, la bacteria volvía a hacer acto de presencia. En realidad, no se había ido del todo. Lo que más tarde se llamaría la Gran Plaga de Londres no fue otra cosa que un brote tardío de esa misma pandemia de peste, declarada en el continente en torno a 1347, y que no desaparecería por completo hasta bien entrado el siglo XVIII. El brote no tardó en extenderse a la ciudad universitaria de Cambridge, donde Isaac Newton, hijo póstumo de un granjero del mismo nombre del condado de Lincolnshire, cursaba estudios.

Después de más de cuatrocientos años de existencia, en la segunda mitad del siglo XVII Cambridge seguía anclada en la tradición medieval que la vio nacer. En la universidad se enseñaba la ciencia de Aristóteles, heredada por los pensadores escolásticos de sus antecesores árabes, los cuales, a su vez, la habían rescatado del olvido durante el declive de la civilización romana.

El conservadurismo académico de Cambridge contrastaba con el panorama científico del país en la época. Hacía ya medio siglo que muchos pensadores ingleses habían dejado de lado la especulación y el dogmatismo propios de la Edad Media y los habían sustituido por la observación, el experimento y el cálculo. En 1600 William Gilbert había publicado *De Magnete*, uno de los primeros trabajos experimentales de factura moderna de la historia, y en 1620 Francis Bacon expuso en *Novum Organum* los principios fundacionales en los que debía basarse la nueva ciencia empírica. Ya en la segunda mitad de siglo, en 1661, Robert Boyle publicó *The Skeptical Chymist* y, solo cuatro años después, su discípulo Robert Hooke sorprendió a todos con los impresionantes grabados de *Micrographia*, el libro donde reproducía las maravillas que le había permitido descubrir un instrumento de reciente invención, el microscopio. Y esa misma década se creó la primera sociedad científica, la Royal Society de Londres, fundada en 1662.

Así pues, Newton se encontraba a caballo entre el dogma medieval de muchos de sus profesores y la realidad de un país que en temas de ciencia ya se veía abocado de lleno a la modernidad. Por suerte, en Cambridge la atmósfera era suficientemente relajada para permitirle el acceso a la obra de Hooke y de Bacon, junto a la de los clásicos griegos que se ofrecía en las aulas. Y a todo eso se sumaron las consecuencias del brote de peste de 1665, a raíz del cual la universidad tuvo que cerrar sus puertas durante un periodo de casi dos años.

El bienio 1665-1666 a menudo se ha calificado de milagroso en las biografías de Newton. Aunque el adjetivo parece un poco exagerado, sí es cierto que el exilio impuesto por la epidemia tuvo un impacto importante en su trayectoria futura. En 1665 la peste obligó a Newton a regresar a su aldea natal de Woolsthorpe, que había abandonado unos años antes para seguir estudios universitarios ante la evidencia de que no tenía ni las aptitudes ni el interés de su difunto padre para dirigir una granja. Sin embargo, en vez de truncar su carrera, el retiro le ofreció el tiempo y la libertad necesarios para dedicarse de lleno a lo que verdaderamente le interesaba en materia de ciencia. Fue así como Newton empezó a estudiar los temas que acabaron inmortalizándolo: la gravitación, el cálculo infinitesimal y la teoría de la luz y del color.

«Siendo así, ya no se puede seguir debatiendo ni sobre si puede haber colores en la oscuridad ni sobre si los colores son cualidades de las cosas que vemos». En esta frase, Newton pone de manifiesto que en el siglo XVII la concepción aristotélica seguía estando muy viva (para Aristóteles, el color es una cualidad inherente a los cuerpos, no a la luz que los ilumina). Hoy en día, la vigencia de la que gozaba la vieja doctrina sorprende tanto como la insistencia del inglés en aludir a ella, dado que ya hacía tiempo que la mayor parte de sus predecesores manifestaban un rechazo nada disimulado a las ideas del filósofo griego.

René Descartes destaca como uno de los detractores más combativos de la óptica de Aristóteles. Para él, la auténtica fuente de los colores es ya la luz, sin concesiones. El francés imagina el espacio lleno de una especie de corpúsculos microscópicos, cuya rotación, al propagarse de unos a otros, da origen al fenómeno. Los diferentes colores corresponden, pues, a distintas velocidades de rotación (el rojo más rápido que el azul, por ejemplo) y son los objetos sobre los que incide la luz los responsables de imprimir a los corpúsculos el impulso giratorio característico de cada color.

Contemporáneo de Descartes, y quizá por ello uno de sus máximos detractores, Pierre Gassendi coincide con él en atribuir a la luz la esencia del color, aunque discrepa en el mecanismo. Gassendi concibe la luz como un flujo de partículas que, o bien directamente, o bien por reflexión sobre los objetos, excita el sentido de la vista cuando llega al ojo. No obstante, a la hora de describir el origen del color es sorprendentemente impreciso y se limita a atribuirlo a una alteración de la luz blanca causada por su interacción con los objetos materiales.

La disputa entre Descartes y Gassendi ilustra bien la situación que había a mediados del siglo XVII en relación con la naturaleza de la luz y del color: una pluralidad de teorías diversas y enfrentadas, tan irreconciliables entre sí como sus seguidores. Sin embargo, había un denominador común en casi todas: los colores siempre se concebían como una adulteración de la luz blanca por parte de los objetos que iluminaba. Aunque los sabios de la época no fueron conscientes de ello, en 1666 esa certeza empezó a tambalearse.

El retiro a Woolsthorpe le ofreció a Newton la posibilidad de concentrarse en el gran tema del momento y, aprovechando los días de sol de ese año, se lanzó de cabeza a elaborar un experimento tras otro con el objetivo de desvelar la verdadera naturaleza del color. Recogió los resultados en un manuscrito titulado *Of Colours*, que no llegó a publicar. En esa recopilación, organizada en sesenta y cuatro entradas, Newton se preocupa de la luz y su interacción con la materia inanimada, naturalmente, pero también de la sensación que estimula en el organismo y no duda en utilizar como objeto de estudio el material que tiene más a mano, sus propios ojos. Así, en las entradas 58 a 62 describe cómo introduce una espátula entre el globo y la cavidad oculares y constata los colores que observa cuando presiona el ojo en distintos puntos; y en la entrada 63 da fe de que percibe los objetos blancos de color rojo después de haber estado mirando fijamente el sol «durante un rato» (a veces, la línea que separa la curiosidad de la insensatez puede llegar a ser extraordinariamente fina). De todas formas, las entradas que hacen de *Of Colours* un documento excepcional son las correspondientes a los números 44, 45 y 46. Ahí, en solo tres frases y un esquema, Newton describe por primera vez los dos experimentos que conformarán lo que años después calificará de *experimentum crucis*,[1] el experimento crucial.

Desde su primera realización en Woolsthorpe en 1665, el experimento absorberá completamente a Newton hasta 1721, solo seis años antes de su muerte. A lo largo del tiempo lo repetirá múltiples veces, en configuraciones diversas y utilizando distintos elementos ópticos. Sea como fuere,

---

[1] Newton llegó a la expresión *experimentum crucis* a partir de Hooke, que la utiliza en *Micrographia* al cuestionar la óptica de Descartes. Por otra parte, Hooke la había tomado probablemente de su maestro, Boyle, que la empleó para referirse al famoso experimento de Pascal en el Puy de Dôme, donde el francés utilizó el barómetro de Torricelli para demostrar la existencia de la presión atmosférica. Finalmente, Boyle la habría obtenido de Bacon, por deformación del término *instantiae crucis* que aparece en *Novum Organum*. Es admirable el sucesivo cambio de manos de la expresión, así como la lista de nombres célebres que relaciona.

en realidad, todas las versiones coinciden en lo esencial y llevan —por supuesto— a las mismas conclusiones. De acuerdo con las entradas 44, 45 y 46 de *Of Colours*, las dos partes del experimento podrían describirse así (Figura 2):

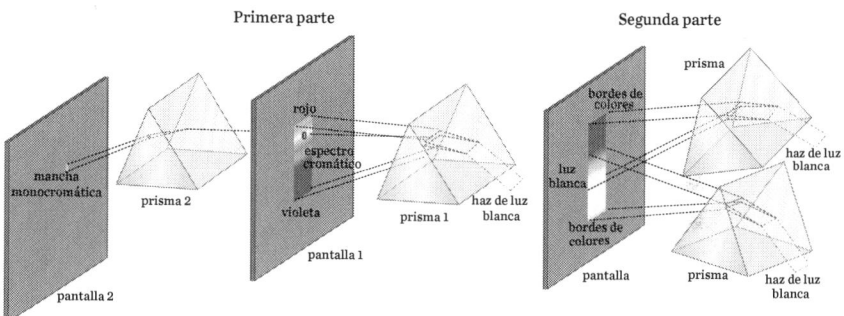

Figura 2. Experimento del prisma de Newton. En la primera parte, un prisma separa un haz de luz blanca en todos los colores del espectro cromático; si entonces se aísla un rayo de un solo color, un segundo prisma ya no altera su tonalidad. En la segunda parte, se superponen los espectros de dos prismas sobre una pantalla y se obtiene luz blanca como resultado (esquema del autor).

Primera parte:

En una habitación a oscuras se hace pasar un rayo de luz blanca del sol por un orificio. A continuación, se intercala un prisma de cristal en el camino del rayo, que, tras dos refracciones, emerge convertido en un abanico luminoso formado por todos los colores del espectro visible. Después, ese haz policromático emergente se intercepta con una pantalla opaca en la que hay un segundo orificio, suficientemente pequeño para que solo deje pasar un rayo de un único color. Por último, el rayo monocromático se intercepta con un segundo prisma, que vuelve a desviarlo, ahora sin alterar su color.

Segunda parte:

Se hacen pasar dos o más rayos de luz blanca independientes a través de sendos prismas idénticos. De acuerdo con el experimento, cada rayo, después de sufrir dos refracciones en el prisma correspondiente, emerge convertido en un haz de luz multicolor. A continuación, esos haces se recogen en una pantalla, de manera que los espectros se superpongan entre sí. El resultado es una única mancha luminosa de color blanco en el centro, con los bordes de diversos colores.[2]

El calificativo «crucial» no es exagerado. En la primera parte del experimento, el primer prisma dispersa la luz blanca en colores. A pesar de lo que luego pretenderá la leyenda, ese resultado por sí solo no bastaría para demostrar el carácter compuesto de la luz. Al fin y al cabo, podría muy bien ser que el prisma «tiñera» la luz blanca con los colores del espectro, tal como daban por hecho la mayoría de los contemporáneos de Newton. Los elementos que realmente justifican el adjetivo «crucial» son la introducción del segundo prisma y la segunda parte del experimento.

En efecto, con el segundo prisma se confirma ante todo que los distintos colores se desvían en ángulos diferentes, lo que permite entender el papel de este instrumento como separador de la luz blanca en colores. Además, se confirma que, una vez aislado un color, este no se ve alterado por ninguna refracción adicional y que, por tanto, la hipótesis de que el prisma modifica las cualidades cromáticas de la luz no se sostiene.

Por si todo eso no fuera suficiente para dejar claro que, si hay algo que sea puro, no es la luz blanca, sino las tonalidades elementales, la segunda parte del experimento remacha el clavo: al volver a superponerlas, el re-

---

[2] Estrictamente, lo que Newton llama *experimentum crucis* solo es la primera parte del experimento. Sin embargo, la segunda la redondea tan bien que sería una lástima no incluirla en el término.

sultado es de nuevo luz blanca. La conclusión es conocida: la luz proveniente del sol es una composición de los diversos colores del arco iris, los cuales son inalterables. Y de esta conclusión se extrae de inmediato otra: los colores de los objetos están generados por la reflexión selectiva de la luz blanca que los ilumina, de cuya pureza ya no queda ni rastro. Por consiguiente, los colores se encuentran en la propia luz. Ya nos lo decía Newton: no puede haber colores en la oscuridad.

Hoy podríamos pensar que el *experimentum crucis* debería haber puesto fin a las antiguas disputas sobre el origen del color; en definitiva, desmontaba de forma magistral la idea en la que se fundamentaban la práctica totalidad de las teorías vigentes hasta el momento, la de la pureza de la luz blanca. Por desgracia, no fue así. En cuanto el experimento se hizo público, estalló una agria controversia en el seno de la comunidad científica, en la que participaron personajes de la talla de Robert Hooke y Edme Mariotte, que, a causa de su discrepancia con Newton, se convirtieron en enemigos del inglés de por vida. La controversia estaba originada por algunas limitaciones instrumentales que hacían que, aunque el planteamiento del experimento fuera claro, llevarlo a la práctica no lo fuera tanto.

En la primera parte, la misión del segundo orificio era aislar un único color. Ahora bien, dado que el espectro es continuo, el agujero siempre deja pasar un mínimo abanico de colores, por más que el ojo no pueda diferenciarlos. Pero entonces ya se encarga el segundo prisma, al ensanchar aún más el rayo seleccionado, de hacerlos visibles. Así se explica que algunos intentos de reproducir el experimento (como el de Mariotte, por ejemplo) mostraran la presencia de colores distintos al único esperado en la luz refractada por el segundo prisma. Para paliar el efecto, el orificio tendría que ser extremadamente pequeño, lo que repercute en la cantidad de luz disponible y, por supuesto, en la visibilidad del resultado.

Lo cierto es que no era fácil aislar un color puro y eso ponía en duda que el rayo seleccionado a la salida del primer prisma fuera realmente inmutable ante una segunda refracción. Debido a dificultades como esa, el resultado del experimento no fue tan claro como se pretendía en un principio. Aunque inicialmente Newton intentó rebatir las objeciones de sus detractores, la situación pronto se le hizo insoportable. Su respuesta fue entonces contundente: un silencio de casi veintiséis años.[3] Hasta la publicación de *Opticks*.

Derribar una idea aceptada suele ser extremadamente difícil. Incluso si la idea tiene tan poco fundamento como la pureza de la luz blanca. Los obstáculos que presentaba la realización del experimento del prisma, a los que había que añadir la parquedad de Newton a la hora de describir su procedimiento, le restaron la rotundidad que necesitaba. Sin embargo, en casos como este, a menudo es el paso del tiempo lo que acaba poniendo las cosas en su sitio. Y tiempo fue, precisamente, de lo que Newton pudo disponer. Tiempo, por un lado, para refinar los experimentos hasta que sus resultados fueran incuestionables. Tiempo, por otro, para adquirir el prestigio necesario para no tener que temer según qué firma al pie de una crítica. Tiempo, por último, para sobrevivir a sus detractores más agresivos.

Durante su largo silencio, Newton continuó obsesionado con el *experimentum crucis*. A fin de cuentas, era el pilar en el que se sustentaba la nueva concepción de la luz y del color, la razón de ser de *Opticks*, el tratado de óptica que hacía más de dos décadas que tenía en la mente y que entonces, en 1704, había llegado por fin el momento de hacer realidad. Porque a lo largo de todos esos años, y ante las dificultades que planteaba la realización del experimento, Newton había ido elaborando una serie de versiones alternativas que mejoraban el resultado de tal manera que pocos se atreverían a cuestionarlo. Por otra parte, ya hacía diecisiete años de la publicación de los *Principia*, una obra que, si bien el número de lectores capaces de comprenderla podía contarse con los dedos de una mano, había hecho del autor un científico respetado en todo el país. Y, para aca-

---

[3] La última réplica de Newton es de 1678.

bar de redondearlo, el único obstáculo que aún podría haberlo detenido se había desvanecido justo el año anterior, 1703, el año en el que Hooke, su adversario más temible, había dejado este mundo.

El *experimentum crucis* es un modelo de planificación en busca de un objetivo. Cada uno de los elementos que lo integran (el primer prisma, la pantalla con el orificio, el segundo prisma) es una pieza de un engranaje de relojería, cuyo funcionamiento preciso culmina en el descubrimiento del origen del color. Con todo, la versión más popular de la historia —la que todos conocemos desde nuestros días de escuela— reduce el descubrimiento al simple producto de una casualidad: Newton coloca el prisma de cristal delante de un rayo de sol y observa, maravillado, la mancha de colores del espectro a la salida; y nada más. En esta versión imaginada no hay cabida para la pantalla con el orificio ni para el segundo prisma e importa poco demostrar la inmutabilidad de los colores. Desde un punto de vista científico, es exasperantemente incompleta. Por el contrario, al ser tan sencilla, facilita un acceso inmediato a la conclusión deseada y es probable que por eso haya triunfado en detrimento de la otra, la verdadera. No obstante, al pretender que Newton fue el primero en descomponer la luz blanca con un prisma, la leyenda encierra un gran engaño. Y es desconcertante que, viéndose desacreditada por las palabras del propio autor desde un buen principio, haya resistido tan bien el paso del tiempo.

En 1672, en su primera publicación científica, Newton dejaba bien claro cómo empezaron sus famosos experimentos de óptica del año 1665: «me procuré un prisma de cristal triangular para intentar reproducir el célebre fenómeno de los colores». Lo dice sin ambages: en esos tiempos, el fenómeno ya era «célebre». Es evidente, pues, que Newton no fue el primero en observarlo, tal como pretende la leyenda, y que en ningún caso el resultado podía haberlo sorprendido mucho. De hecho, sabemos que era conocido como mínimo desde el siglo I y, también, que no había caído en el olvido desde entonces, dado que diversas fuentes medievales lo citan a menudo. Sin embargo, no es hasta el siglo XVII cuando el prisma deja de ser una mera curiosidad y pasa a convertirse en un instrumento científico habitual. Pensadores como Descartes o Boyle ya lo habían utilizado, aunque ninguno de los dos logró sacarle el provecho que supo sacarle Newton; ni de lejos. Porque, para entender el carácter compuesto de la luz blanca, no era suficiente con interceptar un rayo de sol con un prisma, como casi siempre se había hecho, sino que había que seguir de principio a fin, y en el orden correcto, las sucesivas etapas del *experimentum crucis*. Y para eso hacía falta un Newton. O quizá no.

«Los distintos colores están producidos por diferentes refracciones». «Si un rayo de un solo color es refractado, eso no le cambia el color». No hay duda de que Newton habría podido ser el autor de estas frases, bastante parecidas a las que utilizó para describir su experimento de 1665, pero no es así. En realidad, era imposible que fueran suyas. Porque, cuando se escribieron, el inglés solo tenía seis años.

Su autor fue un oscuro pensador bohemio, Jan Marek Marci, quien las publicó en 1648 en un tratado científico igual de oscuro en el que describe un experimento que él mismo había llevado a cabo poco tiempo antes y que, como los de sus contemporáneos Descartes y Boyle, tenía por protagonista el prisma de cristal. Es probable que el experimento nos resulte familiar: Marci descompone un rayo de luz blanca con un prisma, aísla un rayo de un solo color y, al someterlo a continuación a un segundo prisma, descubre que este último ya no logra alterar su tonalidad. Lisa y llanamente, el *experimentum crucis*.

Antes de rasgarnos las vestiduras pensando en un posible plagio, conviene dejar muy claro que nada hace pensar que Newton se hubiera enterado jamás del experimento de Marci. El bohemio murió en 1667, el año en el que Newton —aún un estudiante— se reincorporó a Cambridge después de la epidemia de peste, lo que hace prácticamente inviable que se hubieran conocido. Por otra parte, en el siglo XVII Marci era un completo desconocido en la mayoría de los círculos académicos británicos. Y, por último, no hay constancia de ningún trabajo suyo en la biblioteca de Newton. Así pues, no parece que la hipotética acusación de plagio tenga fundamento. Ahora bien, eso no quita que no se le pudiera arrebatar a Newton el mérito del descubrimiento, dado que Marci había realizado el experimento con anterioridad. Ya sabíamos que el inglés no fue el primero en descomponer la luz blanca en colores, que el fenómeno era conocido desde tiempos antiguos, pero también había quedado claro que con eso no era suficiente, que, para entender el origen del color, había que seguir todas las etapas del *experimentum crucis* en el orden conveniente, tal como pensábamos que Newton había sido el primero en hacer. Y, sin embargo, ahora descubrimos que estábamos equivocados: Marci se había adelantado al genio de Woolsthorpe diecisiete años, ni más ni menos. ¿De quién es, por tanto, el mérito?

En el experimento de Marci se encuentra, sin duda, la clave que debería permitir abrir las puertas a la nueva concepción sobre la luz y el color: al refractar un rayo monocromático mediante un segundo prisma y ver que su tonalidad no cambia, el bohemio está demostrando la inmutabilidad de los colores elementales del espectro. No obstante, extrañamente, no se percata de ello. Una vez descrito el experimento, Marci, en vez de rematar su trabajo con la gran conclusión, se pierde en disquisiciones abstrusas y ya no regresa al camino que lo llevaba en la dirección correcta. En ninguna de las tupidas páginas de su tratado hay nada nuevo sobre la naturaleza del color. Así pues, ¿podemos realmente pensar que fue él, y no Newton, el legítimo descubridor del espectro cromático?

En el caso de Newton, por otra parte, tenemos la sensación de que, cuando el inglés planea el *experimentum crucis*, ya intuye que la explicación del origen del color será exactamente la contraria de la que defienden sus contemporáneos: la luz blanca no es pura, sino que nace de la composición de los colores del arco iris, los cuales son inalterables. De hecho, nos da la impresión de que la interpretación precedió el experimento, de que Newton tuvo éxito porque, quizá más que un descubrimiento, lo que hizo fue una confirmación.

A partir de ahí, que cada cual saque las conclusiones que quiera sobre quién fue en verdad el descubridor del espectro cromático.

Al margen de cuál sea nuestra preferencia, Newton o Marci, está claro que, más allá del descubrimiento puramente experimental, la explicación del origen del color se la debemos al primero. Y esa explicación le permitió elaborar después una teoría general sobre la luz, gracias a la cual pudo dar cuenta de buena parte de los fenómenos ópticos que se conocían entonces. Según la teoría de Newton, desarrollada en detalle en *Opticks*, la luz estaría formada por corpúsculos, cuyo tamaño diverso sería responsable de la existencia de los distintos colores. Sin embargo, en los años siguientes la teoría se verá superada por otra que propugnará la naturaleza ondulatoria de la luz, en la que los colores ya no corresponderán a partículas de tamaños diversos, sino a las distintas frecuencias de oscilación de lo que sea que oscila. Y, gracias a una teoría posterior aún (la de Faraday y Maxwell), se confirmará que esa realidad oscilante no es más que un campo electromagnético.

Poco habría podido imaginar Newton ese 1704, con la primera edición de *Opticks* en las manos, cómo llegaría a cambiar nuestra concepción de la naturaleza de la luz a lo largo de los ciento cincuenta años siguientes, hasta el descubrimiento de las ondas electromagnéticas. De la misma manera que tampoco habría podido imaginar ni por un instante que las oscuridades que acompañaban al rojo en un lado del espectro y al violeta en el otro estuvieran en realidad llenas de colores.

CAPÍTULO 3

«... si puede haber colores en la oscuridad»

De cómo podría haberse descubierto la radiación infrarroja y de cómo se descubrió en realidad; y del papel que tuvieron una aristócrata poco convencional en el primer caso y un músico reconvertido en astrónomo en el segundo; y, por último, de cómo ese descubrimiento precipitó el de la radiación ultravioleta.

Los dos años y medio que pasó en Inglaterra entre la primavera de 1726 y el otoño de 1728 hicieron de Voltaire un anglófilo declarado. Una disputa con un noble francés con la piel demasiado fina lo había llevado en 1726 a tener que escoger entre la cárcel y el exilio.[1] Su elección, obvia por otra parte, tuvo un efecto profundamente transformador: había abandonado París un poeta ingenioso y regresaba de Londres un pensador audaz como ha habido pocos.

---

[1] El noble era el caballero Guy Auguste de Rohan-Chabot, vizconde de Bignan, quien ordenó azotar a Voltaire después de haberse sentido ultrajado por un comentario del escritor. La pretensión de Voltaire, un plebeyo, de recibir alguna reparación por el ataque indignó tanto a la aristocracia parisina que el mismo rey se vio obligado a ordenar su arresto en la Bastilla durante quince días, después de los cuales se le ofreció el exilio en Gran Bretaña como alternativa a la cárcel. Poco más de sesenta años después, en 1789, la nobleza de Francia aún se sorprenderá del estallido de la Revolución.

En Inglaterra Voltaire descubrió un mundo inimaginable en su Francia natal, un mundo en el que la corona estaba sometida a las leyes dictadas por el Parlamento y donde hacía falta algo más que el capricho de un aristócrata para verse condenado al exilio sin juicio. Y, sobre todo, un mundo donde las ideas circulaban con una libertad desconocida en Francia hasta entonces. Seis años después, el escritor dio a conocer a sus compatriotas esa realidad singular en sus famosas *Lettres anglaises*, un compendio de veinticinco cartas en las que reflexionaba sobre temas tan diversos como la religión, el arte o la política; y también sobre la nueva ciencia de Newton.

Aunque durante su periplo inglés Voltaire no tuvo ocasión de conocer a Newton en persona (murió en 1727), sí pudo comprobar, durante sus fastuosas exequias, la veneración que el pueblo británico sentía por un genio que buena parte de la intelectualidad parisina, cartesiana hasta la médula, despreciaba a rabiar. Pese a su pobre formación científica y a la oposición de la vieja guardia más reaccionaria, Voltaire no dudó en erigirse en el apóstol francés de la filosofía newtoniana.

La feroz defensa que había hecho de la nueva ciencia en las *Lettres anglaises* fue seguida, en 1738, por los *Éléments de la philosophie de Newton*, uno de los primeros grandes textos de divulgación científica de la historia moderna y la obra que convertiría el desinterés por Newton en fervorosa admiración. Contra todo pronóstico, los *Éléments* fueron un éxito de ventas; todo París hablaba de la obra. Aunque ahora su estilo nos parece afectado, rayano a veces en la cursilería, lo cierto es que con aquel libro Voltaire hizo comprensibles a un público muy amplio los principales resultados tanto de *Principia* como de *Opticks*, unos conocimientos inaccesibles para la mayoría desde cualquier otra fuente disponible en la época.[2] Sin embargo, no pudo hacerlo solo. Porque Voltaire no era un auténtico cien-

---

[2] En los *Éléments*, Voltaire describe el experimento de Newton con el prisma en la versión simplificada que nos ha llegado después. Cabría preguntarse, pues, si ese es el origen de la leyenda del capítulo anterior. Y hete aquí que no sería una mala pregunta.

tífico y carecía, por tanto, de la preparación necesaria para entender las demostraciones de los enrevesados teoremas newtonianos. Para descifrarlos, no le quedó más remedio que contar con la colaboración de un experto que lo ayudara a traducir en palabras los símbolos matemáticos que le parecían tan incomprensibles. Y la suerte quiso que pudiera disponer del experto más extraordinario que podría haber encontrado en Francia en pleno siglo XVIII.

Gabrielle Émilie Le Tonnelier de Breteuil, marquesa de Châtelet por matrimonio, era una aristócrata poco corriente. De entrada, mantenía una relación amorosa con Voltaire, lo más inaudito de la cual no eran tanto los cuernos del marqués —que en una sociedad de matrimonios de conveniencia se toleraban de buen grado— como el hecho de que fuera Voltaire y no otro el beneficiario de sus encantos. A raíz del incidente que lo había condenado al exilio años antes, el escritor se había ganado bastantes enemigos entre la aristocracia parisina, la mayor parte de los cuales pensaban que sus dos años y medio en Inglaterra no habían sido purga suficiente y querían verlo encarcelado. Por si fuera poco, la publicación de las *Lettres anglaises*, muy críticas con la sociedad francesa del momento, no había hecho sino añadir leña al fuego. Así pues, Voltaire era una amistad incómoda, incluso para un miembro de la nobleza como Du Châtelet. Ante el riesgo que entrañaba una situación así, la marquesa decidió irse a vivir el idilio con el escritor lejos de París, en el castillo de Cirey, propiedad de su marido. A salvo del peligro, Voltaire por fin encontró la tranquilidad necesaria para decidirse a escribir los *Éléments*, un proyecto que a buen seguro no habría sido posible sin la intervención de su amante y protectora. Y no solo por el imprescindible refugio que le proporcionó, sino, por encima de todo, porque ella fue —y esa es la otra característica que la hacía una aristócrata poco corriente— el experto gracias al cual llegó a esclarecer el contenido de los teoremas newtonianos que lo desquiciaban. Con menos de treinta años, Émilie du Châtelet era una de las pocas personas de Francia capaz de entender la obra de Newton de cabo a rabo.

La inclinación de Du Châtelet por las ciencias era una rareza en la Francia del siglo XVIII. En esa época, la educación de una muchacha acomodada pasaba a menudo por un convento, el lugar donde se la preparaba para la «profesión» de esposa y madre, por un lado, y para el cultivo de las relaciones sociales, por el otro; las matemáticas, la filosofía o las ciencias no tenían cabida en el modelo educativo conventual. Aunque disponemos de poca información sobre la vida escolar de Du Châtelet, hay indicios suficientes para creer que, como la mayoría de las jóvenes de buena familia, también ella pasó por el convento. Sin embargo, hay que tener presente que entonces las estudiantes no estaban recluidas como en épocas anteriores, sino que alternaban periodos de internado con estancias en la residencia familiar. Y ese sería probablemente su caso, ya que sabemos por fuentes fiables que desde muy joven había recibido clases de latín, literatura y geometría a cargo de los preceptores de sus hermanos varones. Viendo cómo fueron las cosas después, todo parece indicar que la pequeña Émilie debía preferir la compañía de Virgilio y Euclides a la preparación para las delicadezas cortesanas que le ofrecía la institución religiosa.

A los dieciocho años, Du Châtelet tuvo que interrumpir sus estudios para contraer matrimonio y no los retomó hasta los veintiséis, después de haber dado a luz a tres hijos. Al reanudarlos, ella misma se ocupó de elegir a sus maestros, Pierre Louis Moreau de Maupertuis y Alexis Claude Clairaut, primeras espadas de la matemática francesa del XVIII. Aunque no era nada frecuente recibir una solicitud de esas características por parte de una mujer, a la vista del excepcional talento de la marquesa —y de su encanto, ¿por qué negarlo?—, ninguno de los dos declinó la invitación. Gracias a las enseñanzas de sus matemáticos de cabecera, Du Châtelet adquirió los conocimientos necesarios para hacer frente a los aspectos más técnicos de la obra de Newton y fue así como no mucho después pudo ayudar a Voltaire con los *Éléments*. Agradecido, el escritor no solo le dedicó alabanzas sinceras en el prólogo del libro, sino que, en la primera edición de la obra, añadió una estampa alegórica que representaba a Du Châtelet, con el aspecto de una diosa, reflejando sobre él la luz del conocimiento proyectada por Newton.

La publicación de los *Éléments* hizo volar a Voltaire demasiado alto. No le bastaba con escribir el mejor libro de divulgación científica de la época, sino que quería llegar a ser un científico ilustre. Por eso, cuando la Académie des Sciences de París convocó su premio anual, decidió competir por él. Y, sin escatimar recursos, puso en marcha un ambicioso programa de investigación a fin de dar respuesta al tema propuesto por la academia: la determinación de la naturaleza y propagación del calor.

Aprovechando las fraguas que había en las propiedades del marqués en Cirey, y después de gastarse una fortuna considerable en equipamiento, Voltaire llevó a cabo los experimentos de mayor envergadura que se hubieran visto nunca. Siempre acompañado de su amante, que le hacía de consultora y asistente, calentó enormes bloques metálicos hasta las máximas temperaturas que podían registrar los termómetros y midió su peso antes y después; y repitió los experimentos en vacío. Ninguna de las sucesivas pruebas aportó resultados concluyentes. Du Châtelet pronto se dio cuenta de que esos experimentos desmedidos no conducían a ninguna parte. Voltaire, por mucho que se lo propusiera, jamás sería un científico. Ella, en cambio, lo llevaba en la sangre. Por esa razón decidió entrar también en el certamen de la academia. El problema era que tenía que hacerlo en secreto, ya que el escritor no habría aceptado de buen grado la idea de tener a la marquesa como rival. (Casi nadie que conociera su valía —y Voltaire la conocía bien— habría querido competir con ella en el campo de batalla científico).

Du Châtelet decidió que ayudaría a Voltaire en las fraguas durante el día y trabajaría en su propio proyecto por la noche (de ahí el cansancio que el escritor le detectó en la mirada y que atribuyó ingenuamente a la «poca adecuación» de la «condición femenina» a un trabajo tan duro). Por si el secreto y la nocturnidad no fueran traba suficiente, con esa estrategia la marquesa se enfrentaba a un obstáculo aún peor: a diferencia de su amante, ella no podía llevar a cabo experimentos. El instrumental estaba en manos de Voltaire y utilizarlo habría desvelado su propósito. Por otra parte, el tema le parecía demasiado complejo para abordarlo mediante el cálculo, como había hecho Newton con el estudio de la mecánica en los *Principia*. Verdaderamente, la tesitura no era nada propicia para entrar en la competición. Pese a ello, Du Châtelet no se echó atrás. Quizá no pudiera llevar a cabo experimentos, pero sí podía razonar sobre los experimentos de los demás. Y podía imaginar otros nuevos.

Así pues, con una perspectiva bastante incierta, Du Châtelet se dedicó noche tras noche a elaborar una exhaustiva memoria científica en la que especulaba sobre diversas cuestiones en torno al tema planteado por la academia, basándose tanto en los trabajos de otros autores como en su experiencia cotidiana. El texto que presentó en el certamen se tituló *Dissertation sur la nature et la propagation du feu*. Ni ese trabajo ni el de Voltaire salieron victoriosos de la contienda. Aún así, el jurado apreció la calidad de ambos y los publicó junto con los de los ganadores. Por desgracia para Voltaire, la publicación hizo evidente la superioridad del trabajo de Du Châtelet a ojos de todos. Consciente de la derrota, el escritor renunció a la pretensión de convertirse en un gran científico y retornó a la literatura.

Una vez enseñadas sus cartas, Du Châtelet por fin disponía de la libertad necesaria para llevar a cabo los experimentos que el secreto de su participación en el certamen le había impedido realizar. Sin embargo, el curso que siguió su investigación fue otro. Hasta que un embarazo tardío se la llevó con tan solo cuarenta y dos años, Du Châtelet se centró casi exclusivamente en el estudio de la mecánica, dejando de lado para siempre las anteriores investigaciones sobre la naturaleza del calor.

En la *Dissertation*, la marquesa aborda distintos aspectos relacionados con el tema del concurso, desde la controvertida masa del fuego hasta el efecto que tiene la temperatura en la elasticidad de los cuerpos. No obstante, es en el estudio de la relación entre la luz y el calor donde hace su propuesta más perspicaz. «Sería una experiencia muy curiosa» —sugiere— separar un conjunto de «rayos primitivos» que generaran «la sensación de distintos colores» y examinar si tienen «distintas virtudes ardientes». En términos actuales diríamos: separar un conjunto de rayos monocromáticos y medir la temperatura de cada uno.

Se nos hace casi imposible no imaginar cómo podría Du Châtelet haber llevado el experimento a la práctica, sobre todo conociendo el instrumental de que disponía en el castillo de Cirey. La marquesa habría tenido que aislar un rayo de sol en una habitación a oscuras, refractarlo mediante un prisma a la manera de Newton y proyectar el espectro resultante en una pantalla. Luego solo le habría hecho falta colocar un termómetro sobre cada color individual para obtener la medición deseada.

Si Du Châtelet hubiera realizado el experimento, habría observado con gran satisfacción lecturas diferentes en los distintos colores, todas superiores a la temperatura ambiente de la habitación.[3] No obstante, aún podría haber ocurrido algo más extraordinario: si hubiera ido tan solo un poco más allá y también hubiera registrado la temperatura de los bordes exteriores del espectro, donde no había luz, habría descubierto que la lectura en la penumbra del color rojo aumentaba hasta alcanzar un valor superior a la de cualquiera de los colores medidos con anterioridad.

Después de plantear la idea de medir las temperaturas de los colores, Du Châtelet escribe en la *Dissertation*: «no me encuentro en condiciones de hacerlo [el experimento], pero, para ejecutarlo, ¿a quién mejor podríamos dirigirnos que a los filósofos que han de juzgar este ensayo?». Es una lástima que ninguno de ellos le hiciera caso.

En 1726, el año en el que Voltaire llegó a Inglaterra, el compositor Georg Friedrich Händel adoptó la ciudadanía inglesa. Alemán de origen, en 1713

---

[3] Los termómetros de Réaumur que adquirió Voltaire para los experimentos del certamen de la academia tenían suficiente sensibilidad para detectar diferencias de temperatura entre los distintos colores del espectro.

había decidido afincarse en Londres empujado por la buena acogida que allí tenían sus composiciones. Y lo había hecho sin el consentimiento del príncipe Georg Ludwig de Hannover, a cuyo servicio estaba como maestro de capilla. Al año siguiente, la muerte sin descendencia de la reina Ana hizo que, gracias a una peculiar conjunción de vínculos de sangre y prejuicios religiosos, Georg Ludwig fuera coronado Jorge I, rey de Gran Bretaña e Irlanda. Se dice que, para reconciliarse con su antiguo patrón, Händel compuso la famosísima *Música acuática* (que se interpretó por primera vez durante un paseo de la corte por el Támesis) y que la satisfacción del monarca con la pieza fue tan grande que no solo perdonó la anterior deslealtad del músico, sino que le dobló la pensión que su predecesora, la reina Ana, le había otorgado. Tanto si la anécdota es cierta como si no, la verdad es que Händel gozó del favor real durante el resto de su vida, una vida bendecida por el éxito, la riqueza y la admiración del público. Al morir, el compositor fue enterrado en la abadía de Westminster en un funeral con honores de Estado, casi como si fuera un héroe nacional. De su patria de adopción, por supuesto.

En 1757, un par de años antes de la muerte de Händel, la historia pareció repetirse. Otro músico alemán, también proveniente de la ciudad de Hannover y con un nombre que recordaba vagamente al del autor de *El Mesías*, desembarcó en Inglaterra con la intención de establecerse en el país. Se llamaba Friedrich Wilhelm Herschel. Sin embargo, en su caso, la causa de su traslado no fue el éxito de sus composiciones —a sus diecinueve años aún era un completo desconocido—, sino la guerra con Francia, que había obligado al joven a huir a toda prisa de su país natal. El hecho de que el príncipe alemán fuera a la vez rey de Gran Bretaña convertía a Inglaterra en un destino ideal para los hannoverianos que, como le había ocurrido a Herschel, tenían que huir de su país en busca de asilo y fortuna.

Dispuesto a integrarse rápidamente, Herschel no tardó en hacerse llamar Frederick William, a la inglesa, y, después de unos años yendo de acá para allá, por fin se instaló en Bath, una ciudad balneario que ofrecía buenas oportunidades a músicos e intérpretes. Allí ejerció como instrumentista —tocaba el oboe, el violín, el clavicémbalo y el órgano—, director de orquesta, compositor y profesor, actividades que le ocupaban unas doce horas diarias de trabajo, al final de las cuales aún tenía ánimo para reservar un rato a la lectura. Debido a su profesión, Herschel se sentía particularmente intrigado por las relaciones aritméticas de la armonía musical, lo que lo llevó a dedicar algunas de esas sesiones de lectura nocturna al tratado *Harmonics, or the Philosophy of Musical Sounds*, de Robert Smith, un profesor de filosofía natural de la Universidad de Cambridge. El libro lo complació tanto que, al terminarlo, adquirió de inmediato la otra obra del autor, *A Compleat System of Opticks*. Aunque aquel segundo volumen tenía poco que ver con la música o el sonido, leerlo le cambió la vida. Gracias al texto de Smith, Herschel aprendió, entre otras muchas cosas, a construir un telescopio, un proyecto que la agilidad manual adquirida después de años ejerciendo como instrumentista ponía a su alcance. El reto era demasiado tentador para resistirse y, con la ayuda de sus hermanos —que también se habían afincado en Inglaterra—, pronto tuvo a punto un aparato de fabricación casera digno de un profesional. Fue así como se inició la metamorfosis que había de convertir a un compositor alemán de talento discreto en uno de los astrónomos ingleses más brillantes de la historia. Quizá tan brillante como Händel lo había sido en música poco tiempo atrás.

En 1774, con treinta y cinco años, Herschel estaba completamente obsesionado por la astronomía. Con la fabricación del primer telescopio, ya había demostrado que poseía el virtuosismo de un maestro; y no tardó en correr la voz. Antes de que se diera cuenta, estaba recibiendo pedidos de telescopios para astrónomos, academias y cortes reales de toda Europa. Los ingresos que le proporcionaban los encargos servían para compensar el declive que sufría su producción musical, cada vez más desatendida en beneficio de la astronomía.

No obstante, la pasión de Herschel por la ciencia de las estrellas no se reducía a la fabricación de telescopios. El músico también anhelaba contemplar las maravillas del firmamento que le había prometido el libro de Smith. Ese mismo 1774, con el primer gran instrumento recién construido, inició una detallada exploración del cielo, de la que dejó constancia en voluminosos catálogos que, tanto por la cantidad de objetos documentados como por la precisión de las mediciones, enseguida dejaron obsoletas las recopilaciones existentes hasta entonces. Gracias a la luminosidad y potencia de sus telescopios, sin competidores en la época, podía resolver cuerpos celestes inalcanzables para cualquier otro y acceder así a regiones del espacio que nadie había explorado aún. Con todo, la observación que lo haría célebre no tuvo lugar en los confines remotos del Universo, sino mucho más cerca, en el propio sistema solar.

En marzo de 1781, Herschel observó un objeto que, por sus dimensiones aparentes, no podía ser una estrella lejana. Aunque inicialmente pensó que se trataba de un cometa, observaciones posteriores, tanto suyas como de otros astrónomos, confirmaron que, de hecho, era un planeta, con una órbita alrededor del Sol superior a la de Saturno. Consciente del valor del descubrimiento, Herschel se apresuró a ponerle nombre y, con la astucia de un zorro, lo bautizó como Georgium Sidus —la estrella georgiana—, en honor de Jorge III. Satisfecho por el gesto, el rey lo nombró astrónomo de la corte en Windsor, lo que le permitió dejar definitivamente su carrera musical y dedicarse solo a la astronomía. Aunque en un principio la denominación triunfó en las islas británicas, en el continente no gustó nada la idea de completar la lista de planetas con el nombre de un monarca inglés, por lo que muchos astrónomos lo llamaron «planeta Herschel» hasta la adopción del nombre definitivo. Fue ya bien entrado el siglo XIX cuando Johann Elert Bode, director del Observatorio de Berlín, propuso un nombre de consenso de acuerdo con el orden establecido por la mitología clásica. Si Saturno era el padre de Júpiter, el nuevo planeta tenía que llamarse como su abuelo: Urano.

A pesar de que son miles los cuerpos celestes identificados por Herschel, al astrónomo siempre se lo asocia con el descubrimiento de Urano.

Al fin y al cabo, un planeta no se descubre todos los días, y mucho menos en el sistema solar, donde, con la excepción de Neptuno, ningún otro planeta tiene descubridor oficial (el resto se conocía desde tiempos antiguos). Sea como fuere, no hay que olvidar que la contribución de Herschel a la ciencia habría sido igualmente de primerísimo orden aunque no hubiera descubierto el gigante helado. Ninguna exploración anterior del firmamento, ni tan siquiera la de John Flamsteed[4] de comienzos del siglo XVIII, había sido tan completa y minuciosa. Pero es que, además, su huella científica logró rebasar incluso los límites de la astronomía. Y lo hizo, sorprendentemente, gracias a un descubrimiento surgido de unas convicciones que tienen bien poco de científicas. Es ese descubrimiento —quién lo iba a decir— el que nos interesa para nuestra historia.

Herschel creía que no había ni un solo planeta ni una sola estrella en el Universo que no estuvieran poblados por seres inteligentes. Tan convencido estaba que no dudó en llevar esas ideas radicales a la imprenta. Suerte tuvo entonces de su reputación, que lo protegió del ridículo. Sin pruebas, no podía permitirse según qué afirmaciones. Y, naturalmente, no tenía pruebas. Por fortuna, supo ver el error a tiempo y, pese a ciertas reticencias, se abstuvo de volver a publicar sobre el tema. Eso no significa que abandonara la búsqueda. Herschel siguió enfocando obsesivamente con el telescopio cualquier objeto que pudiera proporcionarle algún atisbo de presencia inteligente. Y, en esa particular cacería, la presa perseguida con más avidez era el Sol, ya que, de todos los astros, no había ningún otro que desafiara su credo con tanto descaro. Porque ¿cómo era posible que un organismo pudiera sobrevivir a sus elevadísimas temperaturas? Por chocante que nos parezca ahora, Herschel tenía una respuesta.

Según él, la capa externa del astro era un fluido incandescente en el que, obviamente, no había vida de ninguna clase. Pero sí la había en el in-

---

[4] John Flamsteed (1646-1719) fue el primer astrónomo real inglés, fundador del famoso Observatorio de Greenwich.

terior, que en el imaginario del astrónomo se encontraba a salvo de las temperaturas infernales de la superficie gracias a una capa intermedia de nubes extremadamente opaca. En apoyo de su teoría, Herschel apelaba al fenómeno de las manchas solares, de origen desconocido en esa época y que él atribuía a la aparición de discontinuidades en el manto incandescente, las cuales, al dejar al descubierto la capa de nubes de debajo, se percibían como manchas oscuras desde la Tierra: de ahí su nombre.[5]

Hoy en día, la teoría de Herschel nos resulta estrafalaria, pero en el siglo XVIII no eran pocos los científicos que compartían ideas similares. No es de extrañar, pues, que el astrónomo se mantuviera firme en su postura. Además, así podía seguir defendiendo, aunque solo fuera en el ámbito privado, su creencia en la existencia de vida inteligente en las estrellas. Por eso valía la pena insistir y dedicar horas de observación a la búsqueda de manchas solares. Por otra parte, su interés en el fenómeno no se limitaba al deseo de recoger pruebas en apoyo de su teoría. Herschel también creía que las oscilaciones en el número de manchas debían traducirse en variaciones de temperatura en la Tierra que a la larga afectarían a las cosechas, lo que lo llevó a intentar relacionar la actividad solar con la evolución del precio del trigo. Por desgracia, ni el telescopio le proporcionó ningún indicio adicional de vida extraterrestre ni la relación con la producción agrícola se confirmó nunca. Los logros que con tanta profusión había recogido en otros campos de la astronomía no parecían acompañarlo en esa búsqueda tan personal. Hasta que, a las puertas del nuevo siglo, en 1800, llegó su recompensa.

---

[5] Actualmente, sabemos que las manchas solares corresponden a la aparición de regiones «frías» en la superficie del Sol, en las que la temperatura (alrededor de 4.000 °C) es sensiblemente más baja que en el resto (alrededor de 5.800 °C) y que se originan por la concentración de flujo de campo magnético en esas regiones. El fenómeno es transitorio, con una vida media de entre algunos días y pocos meses. Sin embargo, en ningún caso son agujeros en la capa más externa del astro, tal como pretendía Herschel.

Para observar el astro sin exponerse a una ceguera segura, Herschel empleaba filtros atenuadores que acoplaba al ocular del telescopio y que le protegían los ojos de la intensa radiación del Sol. Aunque los filtros cumplían su función durante un rato, no había ninguno que a la larga le fuera bien. Los más luminosos lo deslumbraban enseguida y los que lo eran menos transmitían tanto calor que el ojo se le fatigaba al cabo de poco. No era fácil, por tanto, observar el astro de una manera confortable. Por si eso fuera poco, el problema también planteaba un dilema para el que nadie tenía respuesta: si en el caso de la radiación solar el vehículo del calor era la luz, ¿cómo se entendía que los filtros más oscuros fueran a la vez los que produjeran el máximo calor? Había llegado el momento de dejar el telescopio y entrar en el laboratorio.

En una habitación a oscuras, Herschel hizo pasar un rayo de sol a través de una abertura. A continuación, situó un prisma de cristal que separaba los colores del espectro y los proyectaba en una pantalla sobre la que había colocado dos termómetros: el primero era iluminado por la mancha policromática y con el segundo, que se encontraba en la oscuridad, controlaba la temperatura ambiente. Como el bulbo del primer termómetro era suficientemente pequeño, con ese instrumento podía interceptar un único color y, girando el prisma sobre su eje, conseguía desplazar por encima del termómetro la mancha luminosa, pasando de un color al siguiente. Así logró medir por separado la temperatura de cada una de las tonalidades elementales del espectro visible.

Con ese experimento Herschel confirmó que los distintos colores presentaban temperaturas diferentes y que el máximo brillo no coincidía con la máxima lectura del termómetro: mientras que el amarillo y el verde eran las tonalidades más luminosas, sus temperaturas estaban por debajo de la del rojo, por ejemplo, de mucha menor intensidad. Los resultados concordaban, pues, con las sensaciones percibidas durante las observaciones solares.

Sin embargo, eso no era nada comparado con lo que estaba a punto de suceder. Haciendo gala de su buen oficio, Herschel quiso ver qué ocurría más allá de los límites de la mancha visible, de manera que situó el termómetro en los bordes exteriores del espectro, junto al violeta, por un lado, y en el extremo contrario, pasado el rojo, por el otro. En el primer caso, la respuesta fue la esperada: la lectura del mercurio disminuyó hasta la de la temperatura ambiente de la habitación. En el segundo, en cambio, hubo una sorpresa: aunque el termómetro estaba fuera de la mancha luminosa, la temperatura registrada al lado del rojo no solo no disminuyó, sino que aumentó hasta superar la de todos los colores medidos con anterioridad. La conclusión era clara. En palabras de Herschel: «el calor radiante consiste, [...] si se me permite la expresión, en luz invisible». Había descubierto la radiación infrarroja (Figura 3).

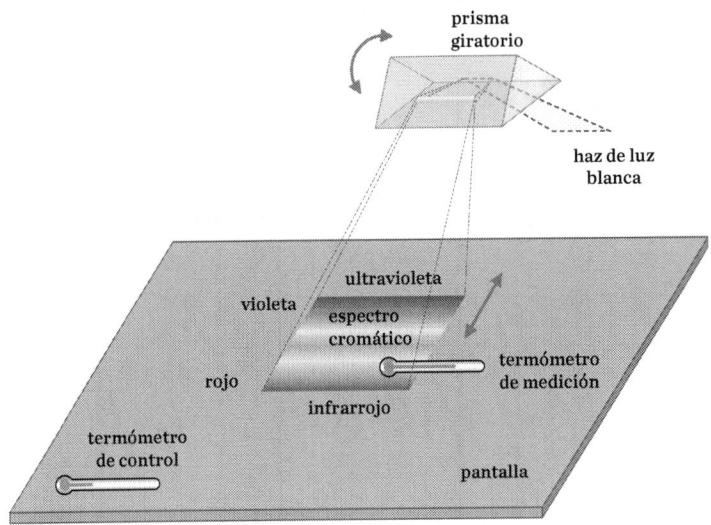

Figura 3. Experimento del prisma de Herschel. Se mide con un termómetro la temperatura de los distintos colores del espectro cromático producido por un prisma; así se descubre que la temperatura en la penumbra del rojo es más alta que sobre cualquier color visible; este resultado demuestra la existencia de la radiación infrarroja (esquema del autor).

Llegados a este punto, conviene interrumpir un instante el hilo de la narración para poner de relieve el ligero escalofrío que seguramente hemos sentido al enterarnos de cómo se descubrió el infrarrojo. Porque no podemos evitar que nos invada la sensación de estar reviviendo el pasado. Al fin y al cabo, es casi imposible no reconocer en el experimento de Herschel con el prisma y los termómetros la propuesta que Émilie du Châtelet dirigió en su *Dissertation* a un grupo de filósofos indolentes.

En efecto, el experimento de Herschel es una ejecución fiel de la idea propuesta por Du Châtelet en la memoria que presentó en el certamen de la academia, aun cuando —vale decirlo— el astrónomo desconocía por completo la obra de la marquesa. No era la primera vez que se repetía un experimento olvidado: el *experimentum crucis* de Newton, sin ir más lejos, era casi un clon del de Marci, que el inglés también ignoraba. Sin embargo, el caso de Du Châtelet no es exactamente igual, ya que ella no realizó ningún experimento, sino que solo lo propuso. Eso sí, lo hizo con tanta agudeza que parece mentira que no hubiera seguido tirando del hilo una vez resuelto el concurso.

En su *Dissertation*, Du Châtelet había previsto que los distintos colores presentarían temperaturas diferentes, tal como Herschel puso de manifiesto después. Pero, a diferencia del astrónomo, ella no consideró la posibilidad de explorar los bordes exteriores del espectro visible. Por tanto, de entrada, es difícil pensar que hubiera podido anticiparse a Herschel en el descubrimiento del infrarrojo. Ahora bien, cuando en otro pasaje de la misma *Dissertation* la marquesa imagina unos rincones lejanos del Universo con «colores primitivos» que «nosotros no vemos», ya no sabemos qué pensar. ¿Es posible que imaginara la existencia de alguna clase de radiación invisible como el infrarrojo? ¿Que, pese a no tener ningún indicio, estuviera tras su pista? Por desgracia, nunca lo sabremos. El texto es demasiado impreciso para aclararlo.

Sea como fuere, el hecho es que, entre la primera vez que pudo haberse hecho el descubrimiento (la de Du Châtelet) y la que por fin lo hizo posible (la de Herschel), transcurrieron sesenta y dos años, un espacio de tiempo excepcionalmente largo. Y aún nos lo parece más cuando tenemos en cuenta lo que ocurrió con el extremo opuesto del espectro cromático, donde otra clase de luz invisible, la radiación ultravioleta, esperaba a ser descubierta. Aunque ni tan siquiera la meticulosa exploración de Herschel había logrado desvelarla, no hubo que esperar otros sesenta y dos años para encontrarla; con uno hubo de sobras.

Johann Wilhelm Ritter era treinta y ocho años más joven que Herschel. Nacido en 1776 en la localidad de Samitz, en Silesia, desde muy joven dejó clara su predilección por las ciencias. Cuando en 1796 ingresó como estudiante de medicina en la Universidad de Jena, ya disponía de una buena formación en astronomía, farmacia y, muy especialmente, química, la ciencia para la que mostraba mejores aptitudes. Y fue en ese campo, por supuesto, donde cosechó el mayor número de éxitos. Sin embargo, la principal razón por la que recordamos a Ritter hoy en día no es ningún descubrimiento en química. De una manera parecida a Herschel, fue la ampliación del espectro más allá de los límites conocidos por aquel entonces lo que ingresó definitivamente su nombre en la lista de los que no se olvidan, un nombre que ahora suele ir siempre ligado al del astrónomo anglogermánico. Y eso que sus respectivas personalidades difícilmente podrían haber sido más contrapuestas. Mientras que Herschel aún era un ilustrado, Ritter ya era un romántico.

El traslado a Jena puso a Ritter en contacto con las principales figuras del primer Romanticismo, lo que hizo que el joven universitario entrara a formar parte del curioso grupo de pensadores de la *Naturphilosophie*, la misma corriente que no mucho después acabaría liderando Schelling, que tanto despreciaba la obra de Newton. A pesar de esto, no parece que Ritter compartiera la animadversión del filósofo alemán hacia el genio inglés. A diferencia de Schelling, él era un científico de la cabeza a los pies. En todo caso, eso no significa que el joven estudiante renunciara al dogma fundacional de aquel ideario tan peculiar.

Según los seguidores de la *Naturphilosophie*, el Universo entero se organizaba en torno a unos principios de unidad y polaridad, los cuales constituían el fundamento último de las leyes naturales. La identificación entre hombre y naturaleza, tan apreciada por los románticos, obedecía al principio de unidad, mientras que la separación de géneros en los seres vivos —macho y hembra— respondía al principio de polaridad, al igual que el doble signo de la carga eléctrica. Y, si había un fenómeno que obsesionaba especialmente a los científicos románticos, era la electricidad, una realidad bastante misteriosa en la época que parecía esconder la clave de la unidad más básica de todas: la que había entre la materia viva y la materia inerte.

La fascinación romántica por los fenómenos eléctricos había empezado con los experimentos de Luigi Galvani de la década de 1780, en los que el italiano provocaba espasmos en ranas muertas sometiéndolas a una descarga eléctrica, un hecho que sugería que la electricidad era en efecto la fuente de la vida. Así pues, no debe sorprendernos que Ritter concentrara sus energías en el estudio de las posibles conexiones entre la química y la electricidad, hasta el punto de que, gracias a esa investigación, se lo considera hoy en día uno de los padres fundadores de la electroquímica moderna (él fue, por ejemplo, el primero en descomponer el agua por medios electrolíticos, de la que obtuvo hidrógeno y oxígeno, otra de las polaridades que tanto maravillaban a los románticos).[6] No obstante, Ritter aún supo encontrar tiempo para abandonar puntualmente sus investigaciones en electroquímica y hacer una incursión tan afortunada como decisiva en un terreno que le era del todo ajeno, el de la óptica.

Ritter se había enterado de la existencia de los rayos caloríficos de Herschel muy poco después de la publicación del descubrimiento. Para un romántico como él, el hallazgo de Herschel proclamaba a los cuatro

---

[6] La electrólisis del agua fue descubierta por los ingleses William Nicholson y Anthony Carlisle al mismo tiempo que Ritter.

vientos la existencia de otra radiación, complementaria a la infrarroja, que junto con ella debía formar parte de una polaridad pendiente de identificar. Porque, si al descomponer la luz con un prisma aparecía una radiación con la capacidad de calentar el termómetro en la penumbra del rojo, también debería aparecer otra más allá del extremo violeta con el poder contrario, es decir, el de refrigerar. Sin embargo, Herschel ya había demostrado que el termómetro no detectaba nada en la penumbra del violeta, lo que era tremendamente desconcertante. Convencido de que la otra radiación debía existir, Ritter pensó que, si no se observaba la acción refrigerante, era porque la polaridad no correspondía realmente al potencial térmico, sino a una propiedad distinta que en el caso de la luz invisible de Herschel se manifestaba en forma de calor. Así pues, merecía la pena seguir indagando.

En 1777, el químico sueco Carl Wilhelm Scheele había descubierto que la razón por la que la luz oscurecía el cloruro de plata (una sal fotosensible conocida desde hacía tiempo) era que, al descomponerse, esa sustancia daba lugar a la formación de cristales microscópicos de plata metálica. Además, Scheele había constatado que el amoniaco disolvía el cloruro de plata, pero no la plata. En una época en la que ya se habían dado los primeros pasos hacia el desarrollo de la fotografía, el descubrimiento del científico sueco habría permitido superar el principal obstáculo al que se enfrentaba esa incipiente tecnología: encontrar la manera de fijar la imagen una vez registrada sobre la sustancia fotosensible (de hecho, habría bastado con impregnar un papel con cloruro de plata, exponerlo a la luz y, a continuación, eliminar con amoniaco el residuo de sal en las partes no expuestas).

Sorprendentemente, los trabajos de Scheele pasaron casi desapercibidos y habría que esperar otros cincuenta años antes de que se registrara la primera fotografía permanente de la historia. Sin embargo, hubo quien sí supo aprovechar los resultados del sueco, si bien con otro propósito. A Ritter no le pasó por alto un detalle importante del descubrimiento de

Scheele: cuando se irradiaba el cloruro de plata, el grado de descomposición de la sal dependía fuertemente del color de la luz que se empleaba. Mientras que el efecto era casi inapreciable con luz roja, era máximo con luz violeta. Ritter disponía, por tanto, de un mecanismo alternativo al termómetro para detectar luz de distintos colores de manera selectiva y, lo más importante, con una respuesta óptima en la región del violeta. Eso era exactamente lo que le hacía falta para hacer emerger de la oscuridad el nuevo tipo de radiación que se escondía —estaba seguro de ello— en el extremo del espectro en el que el termómetro de Herschel no había logrado registrar ningún cambio.

Ritter expuso papel impregnado con cloruro de plata al haz de luz multicolor que proyectaba un prisma de cristal. Más o menos, una repetición del experimento de Herschel con un nuevo detector: en vez de un termómetro, un simple trozo de papel que, gracias a la sal de plata, se había vuelto fotosensible. El resultado no lo decepcionó. Como ya había previsto, el papel se ennegrecía en el borde exterior del violeta, donde no había luz visible (en realidad, era allí donde más se oscurecía). Por fin podía afirmar que existía un nuevo tipo de radiación en el otro extremo del espectro visible, una radiación que el ojo no percibía, pero que tenía el poder de descomponer la sal de plata, y con más intensidad que ninguno de los colores del arco iris.

La nueva «luz invisible» de Ritter (la radiación ultravioleta),[7] al interaccionar con la sal fotosensible, hacía que el ion de plata del cloruro ganase un electrón y se convirtiera en un átomo neutro, que, al enlazarse con los átomos vecinos, daba lugar a los cristales de plata metálica que oscurecían las zonas irradiadas del papel. Se trataba, en definitiva, de una reacción química de reducción. Aunque en tiempos de Ritter se descono-

---

[7] Los términos infrarrojo y ultravioleta empezaron a utilizarse en la década de 1840, años después de que fallecieran los descubridores de las respectivas radiaciones. Irónicamente, el nombre de ultravioleta fue propuesto por John Herschel, el hijo de William. Hoy en día seguimos sin saber quién acuñó el término infrarrojo (pero no, no fue el hijo de Ritter).

cía la existencia del electrón, cualquier químico con unas cuantas horas de laboratorio a sus espaldas sabía reconocer una reacción de reducción sin dificultad. En consecuencia, Ritter llamó a la nueva radiación «radiación desoxidante».

En el marco mental romántico de unidades y polaridades, la aparente naturaleza reductora del ultravioleta permitía entender que esa radiación no exhibiera el efecto refrigerante que se esperaba. Tal como Ritter creía haber anticipado, la auténtica polaridad no se manifestaba en el carácter calefactor-refrigerante, sino en el oxidante-desoxidante. De acuerdo con eso, la radiación descubierta por Herschel tenía que ser el contrapunto oxidante al ultravioleta y así se explicaba que se hubiera descubierto por la acción calefactora. Al fin y al cabo, una combustión, la reacción exotérmica por antonomasia, no es otra cosa que una oxidación. Por tanto, según Ritter, la luz blanca del sol transportaba, junto con los colores visibles, dos formas de radiación adicionales (la infrarroja y la ultravioleta) con propiedades esencialmente químicas, que revelaban su distinta naturaleza (oxidación y reducción) cuando el prisma las enviaba a los extremos opuestos del espectro. Tal como él mismo expresó: «En su estado indiviso, la luz del sol es una neutralización de los dos últimos determinantes de toda actividad química, la oxigeneidad y la desoxigeneidad». Es fascinante de qué extrañas divagaciones puede llegar a surgir a veces un verdadero descubrimiento científico.

CAPÍTULO 4
La doble rendija

De cómo un médico excepcional en casi todo —salvo en el arte de sanar a los enfermos— demostró que la naturaleza de la luz era ondulatoria; y de cómo ese mismo médico se convirtió, gracias a eso, en el primer científico que reconoció la unidad del espectro.

Ninguno de los dos, ni Herschel ni Ritter, llegó a ser plenamente consciente de haber ampliado el espectro cromático de Newton con sus descubrimientos.

Ritter, ofuscado por la obsesión romántica de las polaridades, ponía el énfasis en la diferencia: la radiación infrarroja y la ultravioleta eran dos entidades químicas opuestas que se «neutralizaban» en la luz blanca del sol; y basta. Herschel, en cambio, intuyó al principio que el infrarrojo y el visible podían ser formas diversas de una misma cosa, pero poco después se echó atrás y ya no volvió a cambiar de parecer.

Ciertamente, en 1800, en la primera publicación en la que analizaba con detalle las propiedades de los rayos caloríficos, el astrónomo concluía: «si llamamos luz a los rayos que iluminan los objetos y calor radiante a los que calientan los cuerpos, podríamos preguntarnos si la luz es esencialmente distinta del calor radiante». Y continuaba: «Yo respondo […] que no estamos autorizados, de acuerdo con las reglas de la filosofía, a admitir dos causas distintas para explicar determinados efectos si con una sola es suficiente».

Sin embargo, en un abrir y cerrar de ojos, dio un giro inesperado y en las dos publicaciones siguientes le faltó tiempo para argumentar que lo único que tenían en común el infrarrojo y el visible era que el prisma podía refractarlos. La conclusión final de Herschel, en clara contradicción con lo que sostenía al principio, fue que los dos tipos de radiación eran de naturaleza incontestablemente distinta.

La verdad —vale decirlo— es que, más que de una conclusión, se trataba de un deseo. El astrónomo había sesgado los últimos experimentos y, sobre todo, sus interpretaciones para acentuar al máximo los aspectos que diferenciaban una radiación de otra y esconder las semejanzas tanto como le fue lo posible. Profundamente newtoniano, a Herschel le incomodaba una situación que encajaba mejor con una teoría ondulatoria de la luz que con una corpuscular, y eso era justo lo que ocurría al meter el infrarrojo y el visible en el mismo saco.[1]

Ahora sería muy fácil reprocharle una actitud tan conservadora y acusar al antiguo músico de falta de coherencia, pero antes convendría no olvidar que a finales del siglo XVIII la sombra de Newton se había vuelto enormemente alargada.

Antes del triunfo de la óptica corpuscular newtoniana, no habían faltado defensores de la teoría ondulatoria. Entre ellos sobresale el holandés Christiaan Huygens, uno de los científicos más brillantes del siglo XVII y el campeón indiscutible de esa causa. Para Huygens, que no se observara ningún cambio en la trayectoria de un rayo luminoso cuando se cruzaba con otro demostraba que la luz no podía ser un fenómeno corpuscular.

---

[1] No era nada fácil casar el calor asociado a los rayos caloríficos de Herschel —el infrarrojo— con haces de partículas que se desplazaban a la increíble velocidad de la luz. Lo era mucho más asociarlo a una oscilación en un medio. En esos años ya empezaba a pensarse en el calor como en una especie de vibración interna de los cuerpos.

De haber sido así, las colisiones entre las partículas, apenas evitables, habrían desviado los rayos de su recorrido inicial. La situación era, por el contrario, totalmente compatible con el hecho de que la luz fuera una onda. Por eso, descontento con las teorías que había hasta entonces, el holandés desarrolló una nueva en la que, tomando como punto de partida el carácter ondulatorio de la luz, explicaba satisfactoriamente los principales fenómenos ópticos conocidos: la reflexión y la refracción.

De todos modos, la teoría tenía un punto débil: una onda era la propagación de una perturbación en un medio[2] y, por tanto, hacía falta un medio. Sin embargo, la luz, a diferencia del sonido, se propaga en el vacío. A fin de esquivar el problema, los seguidores de la teoría ondulatoria defendieron la existencia del éter, un medio misterioso del que ya hablaban los antiguos filósofos griegos y que supuestamente llenaba todo el Universo sin que fuera posible percibirlo. El éter de los griegos tenía que ser, a la fuerza, el soporte de las ondas luminosas.

La explicación hizo fortuna y la existencia de ese medio con propiedades casi mágicas fue aceptada por la mayor parte de la comunidad científica de la época, incluso —sí, es insólito— por muchos de los partidarios de la teoría corpuscular, como el propio Newton.[3]

Si había asumido la existencia del éter sin vacilar ¿cómo es que Newton fue tan reacio a admitir que la luz pudiera ser una onda? Las objeciones de Huygens en lo concerniente a la ausencia de interacción entre rayos que se cruzan eran, al fin y al cabo, difíciles de rebatir y el inglés lo sabía muy bien. (Buena prueba de ello es el hecho de que en las primeras

---

[2] Actualmente sabemos que las ondas electromagnéticas se propagan en el vacío. Sin embargo, en tiempos de Huygens, el concepto onda aún era inseparable de un medio material.

[3] Aunque actualmente pueda parecer el producto de una fantasía delirante, el éter gozó de plena aceptación durante más de dos siglos. El responsable de su caída en desgracia fue Albert Einstein, que, con la teoría de la relatividad especial de 1905, demostró que ese fluido, además de omnipresente e indetectable, también era superfluo.

ediciones de *Opticks* evitara pronunciarse en todo momento sobre la naturaleza del fenómeno).

El problema residía en el hecho de que, además de la necesidad de un medio, la teoría ondulatoria se enfrentaba a un segundo obstáculo que tanto para Newton como para la mayoría de sus contemporáneos costaba pasar por alto: la propagación rectilínea. La experiencia nos dice que las ondas se extienden en todas las direcciones por el medio en el que se propagan y que son capaces de rodear obstáculos y dispersarse más allá de los límites marcados por las aberturas que encuentran por el camino. Las olas generadas por una piedra arrojada a un estanque, pongamos por caso, pueden rodear un objeto que sobresalga del agua; y dos interlocutores en dos habitaciones adyacentes pueden mantener una conversación a través de una puerta abierta aunque no haya contacto visual entre ellos. No obstante, la luz no nos da la impresión de que se comporte así. La luz viaja en línea recta y, si se la intercepta con un objeto opaco, dibuja sombras de contornos bien definidos. El mismo concepto de rayo luminoso es difícil de encajar con la idea de que la luz sea una onda.

En lenguaje científico se utiliza el término difracción para describir esa capacidad de las ondas de dispersarse alrededor de obstáculos y aberturas. Y, aunque Newton y sus contemporáneos (incluido Hygens) no fueran conscientes de ello, el fenómeno también se manifiesta en la luz. De hecho, fue en el terreno de la óptica —algo curioso— donde empezó a estudiarse por primera vez.

En 1665, el jesuita italiano Francesco Maria Grimaldi había demostrado que, al hacer pasar un rayo luminoso a través de una abertura pequeña, las dimensiones de la mancha que el rayo proyectaba en una pantalla eran mayores que las que determinaría la simple propagación rectilínea por razones puramente geométricas. Además, en la penumbra de la mancha se apreciaban franjas de colores. Ahora sabemos que así es como se manifiesta en la luz el mismo fenómeno que permite que las olas rodeen una roca en un estanque. Y también sabemos que el motivo por el que no solemos percibirlo es que la longitud de onda de la luz visible es extraordinariamente pequeña, lo que hace que la difracción solo se manifieste en presencia de objetos y aberturas asimismo muy pequeños. Sin embargo, aunque Grimaldi ya se había referido en sus escritos al eventual carácter ondulatorio de la luz, prácticamente ningún científico de los siglos XVII y XVIII consideraba que la difracción fuera una prueba. Y mucho menos Newton, claro está.[4] Para él, la diferencia entre el mecanismo de propagación del sonido y el de la luz era tan abrumadora que no vaciló en rechazar esa teoría de plano.

El paso del tiempo haría el resto. Con los años, la autoridad de Newton, tan cuestionada durante su juventud, no dejó de aumentar; y, como consecuencia, también la aceptación de la teoría corpuscular, hasta el punto de que, a finales del siglo XVIII, la posibilidad de que alguien llegara a demostrar el carácter ondulatorio de la luz parecía tan remota como que se acabaran descifrando los antiguos jeroglíficos egipcios.

En la villa occitana de Figeac, encajonada entre murallas medievales, se esconde la plaza de las Escrituras. Pese a las innegables connotaciones bíblicas del término, las escrituras a las que hace referencia el nombre nada tienen que ver con las peripecias de Abraham y de los profetas. El porqué de la denominación del lugar no debe buscarse en la historia sagrada, sino más bien bajo los pies de quienes lo visitan. Una enorme losa de granito negro, de perímetro irregular, recubre buena parte del adoquinado. La losa está dividida en tres secciones de tamaño similar, cada una con un texto grabado en una escritura distinta: griego antiguo en un extremo, demótico en el centro y jeroglífico en el otro extremo. Se trata de una gigantesca reproducción de la piedra de Rosetta, un home-

---

[4] En realidad, Newton creía que la difracción era un caso particular de refracción. Según él, los bordes de los objetos y de las aberturas perturbaban el éter de alrededor y desviaban los rayos luminosos en distintas direcciones, como lo haría un prisma.

naje moderno al hijo más ilustre de la villa, nacido a un paso de allí. Saliendo de la plaza por el portillo de levante, un pasaje de apenas cuarenta metros de largo nos conduce directamente a la casa natal de Jean-François Champollion, el hombre que logró descifrar la escritura jeroglífica egipcia.

Aunque la piedra de Rosetta fue descubierta por el ejército de Bonaparte durante la campaña de Egipto de 1798, los azares de la guerra hicieron que la antigualla jamás llegara a pisar terreno francés. Con la capitulación de Alejandría de 1801, la piedra trilingüe cayó en manos británicas cuando aún estaba en territorio egipcio y de ahí fue enviada a Londres, donde se encuentra hoy en día. Por suerte, las autoridades francesas habían sido suficientemente conscientes de la importancia del hallazgo para haber hecho copias de los grabados y haberlas distribuido por Europa antes de la derrota.

El descubrimiento revestía verdadera importancia. Siguiendo una tradición que se remontaba a la Edad Media, a finales del siglo XVIII se creía que la escritura jeroglífica era puramente ideográfica, lo que hasta entonces la había condenado a un eterno misterio: si cada símbolo correspondía a un concepto, probablemente religioso o esotérico, ¿cómo podía averiguarse su significado? El descubrimiento de la piedra de Rosetta abría una puerta a la esperanza: como la lengua de uno de los fragmentos era conocida (el griego antiguo), si se confirmaba que el texto era el mismo en las tres escrituras, quizá a partir de esa inscripción se podrían llegar a descifrar las otras dos.

La traducción del fragmento en griego echó rápidamente por tierra la creencia en el carácter esotérico de los símbolos jeroglíficos. Lejos de tratarse de un compendio de antiguos conocimientos ocultos, la piedra de Rosetta era un simple documento de propaganda, un escrito adulatorio en el que un consejo de sacerdotes reunidos en Menfis celebraba el primer aniversario de la coronación del monarca Ptolomeo V. Su contenido es, por tanto, bastante intrascendente. Sin embargo, las últimas líneas son cruciales. En ellas, el decreto dispone que debe hacerse público en los principales templos del país en los tres tipos de caracteres vigentes en esa época: «el de los dioses» (el jeroglífico, propio de la jerarquía religiosa), «el de los libros» (el demótico, la escritura común en el Egipto de la época) y «el de los griegos» (el de la lengua de las clases dirigentes). Esas pocas líneas, una orden de obligado cumplimiento para las autoridades locales egipcias del siglo II a. C., representaban para los eruditos europeos de principios del XIX una auténtica bendición: al dejar claro que el texto era el mismo en los tres conjuntos de caracteres, se confirmaba que las escrituras podían descifrarse. Así pues, sabiendo que el contenido de las tres inscripciones coincidía, fue posible dar el siguiente paso: asociar los símbolos desconocidos a las palabras escritas en griego. Una labor colosal, por otra parte. Tanto que llevarla a cabo acabó agotándole por completo las energías al autor del desciframiento.

La biografía de Champollion es tan tempestuosa como lo fueron los tiempos que le tocó vivir. Entusiasta de las lenguas antiguas desde que era joven, saboreó a lo largo de su vida tanto el reconocimiento de las élites académicas europeas como las amarguras del exilio, consecuencia de una filiación abiertamente bonapartista. Desde que con tan solo dieciséis años tomó la decisión de descodificar la escritura jeroglífica egipcia, ese propósito marcó todos los aspectos de su existencia hasta que la muerte lo atrapó en 1832 antes de cumplir cuarenta y dos años.

La gran revelación le llegó en 1821. Ese año Champollion constató que la creencia en el carácter estrictamente ideográfico de los jeroglíficos, aceptada como un dogma de fe desde el siglo XV, era errónea. La antigua escritura egipcia consistía, de hecho, en una combinación de signos ideográficos y fonéticos, es decir, de símbolos que representaban conceptos en sí mismos y otros que solo correspondían a sonidos o conjuntos de sonidos, como las letras en un alfabeto. Y no solo eso: sorprendentemente, el componente fonético dominaba sobre el ideográfico. Un descubrimiento esencial para llevar a cabo la traducción.

El francés empezó identificando algunos de los nombres de los jerarcas ptolemaicos (Ptolomeo, Cleopatra) y continuó con los faraones de las dinastías antiguas (Tutmosis, Ramsés), cuyos nombres eran conocidos gracias a crónicas griegas más modernas. Sin embargo, la victoria definitiva llegó cuando fue capaz de traducir palabras comunes, una labor para la que el dominio del copto (el último estadio en la evolución de la lengua egipcia antes de que el árabe la relegara a la liturgia cristiana) fue decisivo. Se había descifrado la piedra.

Pronto no le bastó con los papiros y las reliquias que había en Francia. Champollion quería leer los jeroglíficos directamente sobre las piedras de Egipto. Con ese propósito en mente, removió cielo y tierra hasta conseguir el apoyo necesario para organizar una expedición arqueológica que le permitiera poner a prueba su método sobre el terreno. La misión, iniciada en el mes de julio de 1828, se prolongó durante quince meses, a lo largo de los cuales Champollion comprobó que, tal como había previsto, podía traducir los escritos que decoraban templos y tumbas a ambas orillas del Nilo. Egipto había finalmente certificado su éxito. De todos modos, el precio fue muy alto. Los rigores del viaje acabaron de deteriorar una salud demasiado frágil para según qué aventuras, y dos años y medio después de su regreso a Francia, los dioses que le habían revelado el secreto de su escritura le reclamaron el alma a cambio. Gracias al tesón de su hermano, Jacques-Joseph, la *Grammaire égyptienne*, la obra a la que Champollion había dedicado sus últimos años de vida, se publicó póstumamente en 1836.

Al hablar de Champollion se hace inevitable no mencionar la rivalidad que mantuvo con el inglés Thomas Young. De todos sus competidores en el estudio de los jeroglíficos, Young fue el que más cerca estuvo de ganarle la partida. Diecisiete años mayor que él y también un estudioso de las lenguas antiguas, el inglés empezó a trabajar en los textos de la piedra de Rosetta en 1814.

Al principio se concentró en el fragmento central y no tardó mucho en descubrir que la escritura demótica no solo contenía tanto elementos fonéticos como ideográficos, sino que muchos de los símbolos eran, en realidad, una deformación de los jeroglíficos, una evolución hacia figuras más abstractas fruto de la necesidad de agilizar su caligrafía. En vista de eso, se habría podido pensar que, en el caso de la escritura jeroglífica, Young debería haber llegado a la misma conclusión: que, al igual que la demótica, de la que era predecesora, esa escritura también debía combinar elementos fonéticos e ideográficos. Sin embargo, extrañamente, no fue así. Hasta que Champollion publicó su gran revelación, el inglés se mantuvo fiel en todo momento a la idea aceptada —y errónea— de que los símbolos más antiguos de Egipto eran puramente ideográficos. Sin quererlo, había sido prisionero de un prejuicio antiguo y muy bien arraigado, un prejuicio debido al cual perdió el primer puesto en la carrera por el desciframiento en beneficio del francés.

En la interpretación de los jeroglíficos, Young no supo ver lo que ahora nos parece evidente debido al peso de la tradición. El inglés dejó escapar una oportunidad de oro por no haberse librado del prejuicio a tiempo. Justo lo mismo que le había ocurrido a Herschel años antes con el descubrimiento del infrarrojo. Para Herschel —lo sabemos bien—, la herencia newtoniana fue una venda en los ojos que le impidió reconocer lo que su trabajo mostraba con tanta claridad, que la radiación infrarroja y la luz visible formaban parte de un único espectro. Lo que quizá no sabemos —y es lo más irónico de todo— es que quien finalmente lo reconoció no fue otro que el propio Thomas Young.

Champollion dedicó casi toda su vida a un solo propósito: el estudio de Egipto y sus jeroglíficos. Young consagró la suya al estudio de casi todo.

La variedad de campos que cultivó el inglés es asombrosa: en el terreno de la física, fue autor de famosos trabajos en óptica y en acústica, sentó las bases de la teoría de la capilaridad, fue el primero en utilizar el concepto de energía en el sentido moderno del término y propuso una nueva magnitud (la que ahora se conoce como módulo de Young) para describir las propiedades elásticas de los sólidos; en el ámbito de la fisiología humana, estudió los mecanismos responsables de la audición y la visión, descubrió el astigmatismo, desarrolló una teoría sobre la percepción del color y determinó la relación que existe entre la elasticidad vascular y la velocidad de propagación del pulso arterial; en el estudio de las lenguas, se lo puede considerar el descifrador de la escritura demótica egipcia y, además de una importante contribución fragmentaria a los jeroglíficos, hizo aportaciones relevantes al estudio de la fonética, sin olvidar que fue él quien sugirió el término «indoeuropeo» para describir la gran familia lingüística que tiene un origen común en el oeste de Eurasia; en música, desarrolló un nuevo temperamento para la afinación de instrumentos musicales; y trabajó en la creación de un sistema algebraico para determinar el valor de la vida en las pólizas de seguros. Por último, escribió gran cantidad de páginas sobre temas muy diversos, desde carpintería y construcción de barcos hasta el comportamiento de las mareas oceánicas. Con todo, si hay una contribución que destaca por encima de las demás, es sin duda el experimento de la doble rendija.

Young fue autodidacta prácticamente desde la cuna. Y fue así, sin mucha más ayuda que los libros que tenía a su alcance, como adquirió una formación que cualquier universitario de su siglo habría envidiado, una formación con sólidos fundamentos en matemáticas y ciencias naturales. Y fue así, también, como llegó a dominar una docena de lenguas, como mínimo, antiguas y modernas. Sin embargo, no fue así como se preparó para el ejercicio de su profesión. Porque, para ejercer la medicina, entonces ya era necesario haber cursado estudios universitarios, unos estudios que Young alternó entre Edimburgo, Gotinga y Cambridge. De todos modos, los años de peregrinación por esas universidades no lo hicieron un médico memorable, especialmente en lo que respecta a la práctica clínica. El inglés jamás alcanzó, ni entre sus pacientes ni entre sus colegas, la reputación que cabría haber esperado de alguien a quien sus compañeros de estudios llamaban «el fenómeno Young». Visto desde la distancia, su fracaso era previsible. Al fin y al cabo, un auténtico científico difícilmente podía sentirse cómodo con los procedimientos médicos habituales en la época, entre los que las sangrías y las dietas radicales ocupaban un puesto de honor. A las puertas del siglo XIX, la medicina aún estaba lejos de poder considerarse la ciencia que es hoy en día y serían precisamente aportaciones como las de Young las que más contribuirían a cambiar el panorama, ya que, si como médico de cabecera o cirujano rayaba en la mediocridad, como estudioso de la fisiología humana fue único en su tiempo.

La oftalmología fue, seguramente, el campo de la fisiología en el que Young más destacó. Fue él quien consiguió demostrar, sin ir más lejos, que podemos enfocar distintas distancias gracias a que modificamos la curvatura del cristalino y lo convertimos, entonces, en una lente de distancia focal variable, un descubrimiento que le permitió dirimir una cuestión que arrastraba más de cien años de disputas entre médicos de toda Europa.

En los experimentos oftalmológicos de Young fue fundamental el uso del optómetro, un instrumento cuyo origen se remonta al siglo XVII y que el inglés perfeccionó a fin de mejorar su exactitud, rango de medición y luminosidad. El optómetro de Young consistía en una lámina —«de cartón o de marfil»— que contenía dos finas rendijas paralelas, separadas una distancia inferior al diámetro de la pupila del ojo. Cuando se observaba a su través un objeto delgado —como una aguja— paralelo a las rendijas, el objeto aparecía duplicado cuando estaba fuera del margen de enfoque del observador. De lo contrario, se veía como se habría visto a simple vista. De esa manera podían determinarse fácilmente las distancias que permiten el enfoque correcto y podía diagnosticarse, por ejemplo, un caso de miopía o de hipermetropía.

Cuando un buen día Young utilizó el instrumento en los propios ojos, se llevó una sorpresa. No contento con la medición natural (con las rendijas verticales), el médico repitió el procedimiento girando el optómetro, con las rendijas horizontales. Inesperadamente, los resultados de ambas mediciones no coincidían. Young enseguida comprendió el significado de la discrepancia: él mismo padecía un defecto visual, desconocido hasta entonces, que la segunda medición había destapado. A la miopía y a la hipermetropía se sumaba ahora una nueva forma de ser corto de vista, el astigmatismo.[5]

La doble rendija del optómetro no solo le había permitido explicar el mecanismo de enfoque del ojo, sino que también lo había convertido en el descubridor de una nueva anomalía óptica. Pese a su importancia, no fue ese hallazgo lo que hizo universal su nombre; ni la del optómetro la doble rendija que lo hizo famoso.

«Sus actividades, por más diversas que hubieran sido, se originaron todas en primera instancia en el estudio de la medicina: el ojo y el oído lo llevaron a ocuparse del sonido y de la luz». En sus notas autobiográficas, Young habla de sí mismo en tercera persona. Aunque pueda resultarnos chocante, eso no tiene mucha importancia a estas alturas. Lo que sí la tiene es dónde pone el énfasis, en sus investigaciones en acústica y en óptica, principalmente en óptica. Porque, tal como afirmará más adelante, es en ese campo donde hará la mayor aportación «que hubiera podido hacer nunca». En cualquier caso, conviene no dejar de lado la acústica, ya que el estudio del sonido fue el detonante de su hallazgo.

Harmonics, or the Philosophy of Musical Sounds, el libro de Robert Smith que treinta años antes tanto había complacido a Herschel, generó en Young una evidente incomodidad. Porque, según él mismo escribe en 1800, Smith ignora en su tratado las interferencias que a buen seguro deben producirse cuando dos ondas sonoras se superponen. Young alude a los batimientos (también llamados pulsaciones) como prueba de que las interferencias deben estar presentes. Cuando dos vibraciones de frecuencias

---

[5] El astigmatismo es un defecto óptico que impide la visión nítida principalmente debido a una córnea irregular. Con menos frecuencia, también puede deberse a una mala posición del cristalino en el globo ocular.

similares pero no idénticas se superponen, hay momentos en que las crestas y los valles de ambas coinciden, y otros en que la coincidencia tiene lugar entre la cresta de una y el valle de la otra. El primer caso da como resultado un refuerzo de la intensidad de la vibración (interferencia constructiva), mientras que en el segundo la combinación de los dos efectos opuestos se traduce en una atenuación o incluso en la eliminación total de la oscilación cuando las dos intensidades superpuestas son iguales (interferencia destructiva). El producto final es una vibración modulada periódicamente en amplitud, que en el caso de las ondas sonoras se traduce en un sonido pulsante.

El fenómeno, bastante conocido en la época, se utilizaba en el mundo musical, donde la sustitución del clavicémbalo por el piano, de afinación más difícil, había dado lugar a finales del siglo XVIII a la figura del afinador profesional, para quien el recurso de los batimientos era casi imprescindible para dejar un instrumento en condiciones. A Young, el fenómeno le sirvió, en cambio, para que se interesara por ese otro fenómeno del que los batimientos eran tan solo una de sus múltiples manifestaciones: las interferencias.

Aunque Young empezó a estudiar las interferencias con el sonido, pronto se dio cuenta de que, si el fenómeno se aplicaba a la luz, podían entenderse fácilmente toda una serie de efectos a los que la teoría corpuscular de Newton jamás les había encontrado una explicación satisfactoria. Así, suponiendo que la luz es una onda, interpretó los colores que muestran algunas láminas delgadas cuando se iluminan con luz blanca, como los que se observan en las pompas de jabón o en los caparazones de nácar de algunos moluscos. Y, asociando color con frecuencia de oscilación, logró determinar las longitudes de onda de las distintas tonalidades del espectro cromático, con unos valores bastante cercanos a los actuales.

Como también ocurre en el caso de los batimientos en el sonido, cuando dos ondas luminosas se superponen, dependiendo de si la superposición es constructiva o destructiva, se obtiene una amplificación o una atenuación de la intensidad. Y eso origina la presencia alternativa de franjas claras y oscuras que, en el caso de emplear luz blanca, se traducen en franjas de colores (las zonas oscuras de un color son ocupadas por las brillantes de otro, lo que genera las tan características iridiscencias). Ante un resultado como ese, ningún científico actual dudaría de la presencia de un fenómeno ondulatorio. Sin embargo, a principios del siglo XIX, Young sabía que, si quería convencer a alguien, necesitaba un buen experimento; y aun así.

En 1804, Young aporta por primera vez evidencia empírica de la naturaleza ondulatoria de la luz. En el experimento clave, intercepta un rayo de luz blanca con una tarjeta que coloca paralela a su trayectoria y observa la sombra que se genera sobre una pantalla. La sombra presenta franjas de colores a ambos lados, las mismas que ya había observado Grimaldi en el siglo XVII y que son producto de la difracción en el borde de la tarjeta. No obstante, si se examina en más detalle, puede verse que en el centro aparecen unas franjas distintas de las descritas por Grimaldi. Cuando Young interrumpió la luz proveniente de uno de los lados, las franjas centrales desaparecieron, lo que demostraba que eran producto de las interferencias generadas por la superposición del haz luminoso procedente de uno de los lados de la tarjeta con el del otro. Ya tenía la prueba, pues, de que la luz era una onda.

El experimento es sencillo y, tal como señala Young, «es fácil de repetir, siempre que brille el sol, con material al alcance de todos». Aún así, el resultado es demasiado sutil para hacerlo irrebatible. Las franjas de difracción a ambos lados de la sombra central enmascaran las interferencias y, aunque la propia difracción también sea evidencia de un comportamiento ondulatorio, a principios del siglo XIX —recordémoslo— nadie lo veía así. Naturalmente, los ataques no se hicieron esperar. Young se atrevía a poner en duda la teoría corpuscular de la luz, una doctrina que nadie había cuestionado a lo largo de casi un siglo. Y lo hacía aportando unas pruebas que muchos consideraban, siendo generosos, flojas. Algunos de sus colegas, acomodados en las «verdades» de la vieja teoría newtoniana, pensaron que eso no podía tolerarse y, escondidos tras el anonimato, no dudaron en convertir la crítica en escarnio.

Siempre se ha dicho que el ejercicio de la crítica es esencial en el avance del conocimiento científico, pero a menudo se olvida que suele ir acompañada de un importante coste psicológico. Aunque al principio Young intentó rebatir las objeciones de sus adversarios, ante la naturaleza cada vez más hostil de los ataques, finalmente decidió que era mejor dejarlo estar y, siguiendo el ejemplo de Newton de muchos años antes, se apartó de la escena científica durante una buena temporada. De todos modos, en su caso el retiro no fue tan absoluto ni, sobre todo, tan largo.

Después de 1804, Young no publicó ningún otro trabajo hasta 1807, pero entonces lo hizo a lo grande. La obra de su retorno fue *A Course of Lectures on Natural Philosophy and the Mechanical Arts,* una monumental recopilación en dos volúmenes de sus contribuciones en el campo de la física. Por su impacto y calidad, ese vasto compendio figura hoy entre las mayores producciones de la literatura científica de todos los tiempos. Y es justo en su interior donde encontramos, casi oculto entre pilas y pilas de páginas, el célebre experimento de la doble rendija.

Durante sus años de silencio, Young había logrado idear, por fin, el experimento que le permitiría demostrar de una vez por todas la existencia de interferencias en la luz y, por ende, su carácter ondulatorio. Tal como describe en las *Lectures,* mediante una lámina opaca en la que había abierto dos finas rendijas paralelas, separó un rayo de luz de un solo color en dos haces que proyectó en una pantalla y, donde estos se superponían, observó la presencia de franjas claras y oscuras. El resultado era de lo más elocuente: dado que luz más luz podía dar oscuridad, la luz debía ser una onda (Figura 4). A diferencia de lo que ocurría con el experimento de la tarjeta, ahora la difracción apenas enmascaraba el efecto de las interferencias.[6]

---

[6] De hecho, el experimento de la doble rendija también se ve afectado por la difracción, pero con la relación adecuada entre el ancho de las rendijas y la separación entre ambas, el efecto de las interferencias domina sobre la difracción, justo al revés de lo que ocurría en el primer experimento, el de la tarjeta.

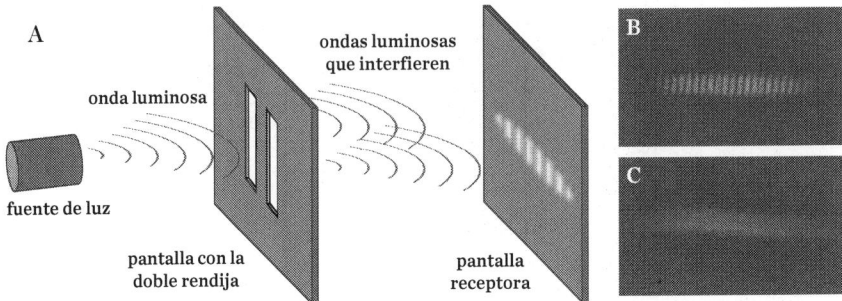

Figura 4. A. Experimento de la doble rendija de Young. Cuando se solapan sobre una pantalla dos haces luminosos monocromáticos, se observan franjas de interferencia, prueba inequívoca de la naturaleza ondulatoria de la luz (esquema del autor). B. Franjas de interferencia generadas con un láser de 535 nm de longitud de onda. C. Cuando se obtura una de las rendijas, las franjas desaparecen, ya que en este caso no existe interferencia entre los dos haces. Experimento realizado por el autor, con la colaboración del investigador Ernest Martí, en las instalaciones de la Facultad de Física de la Universidad de Barcelona.

El nuevo experimento le había ofrecido a Young una prueba en favor de la teoría ondulatoria mucho más inapelable que cualquiera que hubiera podido presentar con anterioridad. Por segunda vez, una doble rendija había sido la clave de uno de los grandes descubrimientos de su vida. Y esa sí fue la doble rendija que hizo su nombre universal.

La similitud entre la configuración del experimento y la del optómetro, el aparato que Young había empleado durante el estudio del ojo pocos años antes, es extraordinaria. Tanto es así que nos cuesta pensar que la idea de generar interferencias mediante ese método pudiera haber surgido de alguna otra parte. Imaginemos al inglés dándole vueltas al problema mientras manipula distraídamente algún utensilio que tiene cerca, quizá el optómetro. Y, al fijarse en él, de golpe le llega la inspiración. Por desgracia, nunca sabremos si la escena, decididamente literaria, ocurrió. O ni tan siquiera si el optómetro tuvo un papel relevante en la gestación de la idea. Porque no hay ni un solo pasaje de sus notas autobiográficas en el que Young mencione la doble rendija; ni de ningún otro texto que no sean las *Lectures*. De hecho, si algo caracteriza su famoso trabajo es la brevedad. Menos de trescientas palabras para describir uno de los experimentos más icónicos de la historia de la ciencia; un párrafo de apenas veinte líneas en un texto de casi ochocientas páginas; y una ilustración —poco esclarecedora— en una hoja en la que comparte espacio con otras quince; y esto es todo. Ni una medición ni un cálculo ni un dato numérico.

No se puede descartar que los ataques que Young había sufrido anteriormente fueran la causa de su parquedad a la hora de describir el experimento de la doble rendija. Al incluirlo en una recopilación de lecciones de índole diversa, se ahorraba el ensañamiento con el que habían sido recibidos sus anteriores trabajos sobre la luz. Ahora bien, como contrapartida, esa misma brevedad y falta de detalle supusieron un freno importante a la rápida aceptación de la teoría ondulatoria de la luz. Hoy consideramos que el experimento de Young es la prueba del nueve, pero en la década de 1800 las veinte líneas de las *Lectures* no fueron suficientes para convencer a una comunidad científica tan fervientemente devota de la teoría corpuscular. Hicieron falta numerosas repeticiones del experimento por parte de otros científicos de todo el mundo, el desarrollo de una teoría matemática de la difracción (obra del francés Augustin Fresnel) y, sobre todo, la demostración de que la luz viaja más despacio en el vidrio que en el vacío (realizada en 1850 por el también francés Léon Foucault) para que finalmente se ejecutara la sentencia de muerte de la teoría corpuscular que Young había empezado a redactar en 1802.

A diferencia de Herschel y Ritter, Young no descubrió ninguna nueva región del espectro. Pese a todo, su contribución a esa investigación fue tan notable como la de ellos. Porque, al fin y al cabo, Young fue el primero en comprender lo que ni Herschel ni Ritter habían sabido ver, que infrarrojo, visible y ultravioleta eran, los tres, parte de una misma cosa.

En 1804 ya había dado un sensacional paso adelante al demostrar, mediante un papel impregnado con nitrato de plata, que los «rayos ennegrecedores de Ritter» producían «anillos» de interferencias de dimensiones parecidas a las de la luz violeta (es decir, había obtenido interferencias con radiación ultravioleta). Y a continuación comentaba que, si se pudiera disponer de termómetros más precisos, debería ser posible obtener resultados similares con «los invisibles rayos de calor descubiertos por el doctor Herschel» (la radiación infrarroja). Queda claro, pues, que en su mente el ultravioleta y el infrarrojo ocupaban un mismo espacio con la luz visible. Y, cuando tres años después retomó el tema en las *Lectures*, la unidad ya quedó rubricada. En la lección número cincuenta y dos, Young nos hacer saber, sin ambigüedades, que comparten naturaleza ondulatoria, por este orden exacto, los «rayos ennegrecedores», el violeta, el verde, el amarillo, el rojo y «el calor invisible». Por primera vez alguien ponía de manifiesto, en un lenguaje tan arcaico como inequívoco, el carácter unitario y continuo del espectro de radiación. Habían transcurrido ciento cuarenta y un años desde el primer experimento de Newton con el prisma y ciento cincuenta y nueve desde el de Marci.

No cabe duda de que el descubrimiento del carácter ondulatorio de la luz fue lo que proporcionó a Young la clave de la unidad del espectro. Al identificar color con frecuencia de oscilación, surgía de repente la posibilidad de que hubiera frecuencias por encima y por debajo del rango visible que no produjeran ninguna impresión en la retina, pero que fueran tan reales y detectables como las que sí se veían. Y los recientes hallazgos de Herschel y Ritter encajaban perfectamente con ese nuevo escenario.

Llegar a las mismas conclusiones a partir de la hipótesis corpuscular habría sido una historia completamente distinta. Sin embargo, poco más de cien años después del experimento de la doble rendija, el alemán Albert Einstein y el estadounidense Arthur Compton demostraron, cada uno por su lado y por vías distintas, que, dependiendo de las circunstancias, la luz podía actuar como una partícula. Y, al cabo de poco, el británico George Paget Thomson y los estadounidenses Clinton Davisson y Lester Germer cerraron el círculo demostrando que la materia también podía comportarse como una onda. En las postrimerías de la segunda década del

siglo xx, onda y partícula dejaron de ser conceptos radicalmente antagó-
nicos. Al final resultó que ambos comportamientos, el ondulatorio y el
corpuscular, podían ser manifestaciones diversas de una misma realidad;
tal como la escritura jeroglífica y la demótica lo habían sido de una misma
lengua.

CAPÍTULO 5

Cuestión de distancia

De la confirmación de la teoría electromagnética a través de la producción de ondas por medio de oscilaciones eléctricas; también, de cómo el experimento que lo hizo posible llevaba implícito el descubrimiento de las ondas de radio; y de las magníficas aplicaciones que se les encontrarían muy poco tiempo después de que se descubrieran.

La autobiografía de sir Robert Watson-Watt es probablemente la primera en la que se menciona un radar de tráfico.

Escocés de origen e ingeniero de formación, Watson-Watt se había hecho merecedor del título de caballero por los servicios prestados durante la década de 1930 al frente de una unidad de investigación del National Physical Laboratory del Reino Unido. Aquel hombrecillo de actitud socarrona era experto en radiofrecuencia y la unidad de la que fue director estaba dedicada al estudio de la ionosfera, la capa atmosférica que él mismo había bautizado y que tenía un papel primordial en las comunicaciones por radio.

Entre muchas anécdotas divertidas, Watson-Watt nos cuenta en su autobiografía que un día de 1956, mientras conducía por una carretera de Canadá, un agente de tráfico lo hizo parar por exceso de velocidad. Cuando el policía le informó de que tenía que multarlo, sir Robert, pícaro como nadie, le preguntó cómo se podía saber que circulaba demasiado deprisa. El agente respondió que gracias al nuevo invento que les habían proporcionado para medir la velocidad de un vehículo a distancia, una especie de aparato electrónico que ni tan solo sabía cómo se llamaba. Ante esa respuesta, Watson-Watt comprendió que la argucia le había fallado: el agente sí tenía manera de saber lo rápido que iba. Ni el «usted no sabe a quién está sancionando» que dejó caer su mujer consiguió ahorrarle la multa.

El policía quizá no supiera cómo se llamaba el nuevo invento, pero Watson-Watt sí. Como cualquier otro ingeniero que hubiera vivido en Inglaterra durante los bombardeos de 1940, sabía que el aparato que el agente había empleado para detectar la infracción se llamaba radar, exactamente igual que el sistema de localización por ondas de radio que tan bien había defendido a su país de la invasión alemana durante los tiempos de la Segunda Guerra Mundial.

Ambos instrumentos, el radar de tráfico y el de localización, comparten nombre porque funcionan según el mismo principio: un dispositivo emisor envía una onda electromagnética que, después de reflejarse en la superficie del objeto que se quiere detectar, es interceptada por un segundo dispositivo, el receptor, que identifica su presencia.

En el radar de tráfico, emisor y detector se encuentran en un único aparato y la onda reflejada regresa por el camino por el que se ha emitido, eso sí, con la frecuencia ligeramente modificada debido al efecto Doppler, que la altera más o menos dependiendo de la velocidad de la superficie en la que se refleja. Midiendo la variación sufrida respecto del valor incidente puede averiguarse la velocidad a la que se desplaza el vehículo —y puede pillarse así al automovilista infractor.

En el radar de localización, en cambio, lo que se quiere determinar es la posición del objeto —un avión enemigo, por ejemplo— y es necesario hacerlo con la mayor exactitud posible. En ese caso, emisor y receptor pueden estar situados en lugares distintos, y es el retraso entre la señal emitida y su eco lo que permite conocer dónde se encuentra el objetivo. Al margen de la exactitud del aparato, en el radar de localización es fundamental poder realizar la detección a larga distancia y sin que elementos externos como las nubes, la niebla o las precipitaciones interfieran en la señal, por lo que las radiaciones de frecuencias muy altas (infrarrojo, visible, ultravioleta) no son adecuadas: los fenómenos atmosféricos más comunes las atenúan con rapidez y acaban extinguiéndolas por completo. Es aquí donde entran en juego las relativamente bajas frecuencias del espectro radioeléctrico. O, si lo preferimos, de las ondas de radio.

La frontera entre el espectro radioeléctrico y el infrarrojo es, hasta cierto punto, arbitraria. Bien mirado, lo es la de cualquier sección del espectro electromagnético con sus vecinas (salvo el visible, obviamente, para el cual el sentido de la vista proporciona unas fronteras perfectamente definidas). Cabría pensar entonces que no hay ninguna necesidad de clasificar las ondas de radio en un grupo aparte del infrarrojo. A fin de cuentas, sus frecuencias también se encuentran por debajo de la del rojo, incluso más aún. Sea como fuere, la distinción está justificada. Y lo está porque el espectro radioeléctrico presenta una característica muy particular que lo diferencia del resto de radiaciones: sus ondas se generan mediante corrientes eléctricas oscilantes.

Maticemos el comentario antes de que el lector puntilloso arrugue la nariz. Es verdad que también puede obtenerse radiación visible, infrarroja o ultravioleta con corrientes eléctricas. Solo hay que usar una bombilla incandescente o un led, sin ir más lejos. Sin embargo, en ese caso, lo que determina la frecuencia de la radiación —el color de la luz— no es la frecuencia de la corriente. De hecho, se puede alimentar la bombilla y el led con corriente continua —que no oscila— y también se obtiene la radiación deseada. Por el contrario, para generar ondas de radio se utilizan circuitos en los que la radiación se produce directamente por la oscilación de la corriente eléctrica, de manera que su frecuencia coincide con la de las ondas. He ahí la diferencia.

De todas formas, que las ondas de radio se generen por lo general con circuitos eléctricos no implica que no existan fuentes naturales de esa clase de radiación. Desde el nacimiento de la radioastronomía, en torno a la década de 1930, sabemos que abundan en el espacio exterior. La cuestión es que no fuimos conscientes de ello hasta que la tecnología de radio no estuvo suficientemente consolidada para poder detectarlas. Y en ese momento, claro está, ya las conocíamos. Así pues, y al revés de lo que había ocurrido con el infrarrojo y el ultravioleta, las primeras ondas de radio que se conocieron fueron de producción humana.

James Clerk Maxwell había fallecido en 1879 sin ver confirmada su teoría del campo electromagnético. La teoría permitía explicar muchos de los fenómenos eléctricos y magnéticos conocidos, sin duda, pero la predicción más sorprendente, la existencia de ondas electromagnéticas que se propagaban a velocidad finita, seguía pendiente de ratificar. Porque, si bien la coincidencia con la velocidad de la luz otorgaba al trabajo de Maxwell una fuerza difícil de pasar por alto, eso no era suficiente. Sin confirmación empírica, ninguna teoría tiene garantizada su supervivencia, y en 1879 todavía nadie había logrado demostrar experimentalmente la existencia de las ondas electromagnéticas. Mientras no se produjeran por medio de oscilaciones eléctricas, no habría un veredicto definitivo.

El procedimiento para generar oscilaciones eléctricas de alta frecuencia[1] se conocía desde mediados del siglo XIX: bastaba con provocar una descarga en un circuito abierto. Si los extremos del circuito se encontraban muy cerca el uno del otro, entre los dos saltaba una chispa como la que aparece al desenchufar un aparato eléctrico de golpe. Aunque la percibimos como un resplandor que apenas dura un instante, la descarga corresponde, de hecho, a una oscilación (en el breve tiempo de vida de la chispa, la corriente eléctrica circula hacia adelante y hacia atrás varias

---

[1] ¿Por qué de alta frecuencia? Dentro de poco lo averiguaremos.

veces entre los dos extremos del circuito abierto enfrentados). Eso el alemán Heinrich Hertz lo sabía perfectamente. Y lo sabía, como mínimo, desde finales de la década de 1870, cuando cursaba estudios de doctorado en el Instituto de Física de Berlín.

El director de tesis de Hertz, el eminente Hermann von Helmholtz, le había sugerido que investigara el efecto de los campos electromagnéticos de alta frecuencia sobre los materiales aislantes. Hacía poco que la Academia de Ciencias había convocado un premio con ese tema y Helmholtz pensó que Hertz sería un buen candidato a ganarlo. Fue a raíz de esa propuesta cuando el joven estudiante consideró por primera vez trabajar con osciladores de alta frecuencia. Sin embargo, enseguida desestimó la idea: por más que el premio fuera muy goloso, el tema le parecía demasiado arriesgado para una tesis doctoral. Al fin y al cabo, había alternativas menos inciertas para obtener el título de doctor, por lo que en 1880 se graduó con una tesis sobre la rotación de esferas metálicas en presencia de campos magnéticos y finalmente el premio se declaró desierto.

Al cabo de unos años, en 1885, después de haber ganado una cátedra en la Escuela Técnica Superior de Karlsruhe, Hertz se vio abocado a poner en marcha un programa de investigación original, tal como se esperaba de un profesor universitario en su posición. Y no sabía por dónde empezar. El destino, muy terco cuando quiere, insistió con los osciladores de alta frecuencia.

La Escuela Técnica Superior de Karlsruhe disponía de laboratorios equipados con los instrumentos más avanzados de la época. En uno de ellos, Hertz se tropezó con un par de circuitos osciladores del tipo denominado espirales de Riess, que no dudó en utilizar en clase para mostrar a los alumnos algunos fenómenos electromagnéticos interesantes. Con esos circuitos, parecidos a los que se había planteado emplear cuando Helmholtz le propuso trabajar en el tema de la Academia, el joven profesor demostraba que, al generar una descarga en una de las espirales, de repente aparecía una chispa en la otra, a pesar de que la segunda se encontraba aislada de la primera. Aunque para un estudiante novel casi pudiera parecer un acto de magia, para un profesor como Hertz el fenómeno no tenía misterio, debido a lo cual no se había planteado utilizar las espirales para nada que no fueran las clases.[2] Hasta que un día se dio cuenta de que podía aprovechar ese efecto para generar y detectar las ondas que deberían permitir confirmar o rebatir la teoría de Maxwell. Si buscaba poner en marcha un nuevo programa de investigación, no podía haber encontrado uno mejor.

Cuando Hertz se puso manos a la obra, todo el mundo daba ya por supuesto que, para generar ondas electromagnéticas, los circuitos osciladores serían la respuesta: la oscilación de la corriente iba acompañada de una oscilación del campo electromagnético asociado que, al propagarse, debería dar lugar a las ondas conjeturadas por Maxwell. No obstante, el problema que nadie sabía resolver era cómo detectarlas, una dificultad de la que Hertz siempre había sido consciente. Pero, la dificultad se había disipado como el humo al observar el comportamiento de las espirales de Riess: la espiral secundaria podía actuar de detector. Tan solo hacía falta ver si, al producirse una descarga en la espiral primaria, seguía induciéndose una chispa en la otra a medida que aumentaba la distancia entre ambas. Porque, si a distancias cortas la chispa secundaria aún podía atribuirse a un fenómeno de inducción, a distancias largas ya no. En ese caso solo podía estar causada por radiación electromagnética proveniente del circuito primario. Estaba claro, pues, lo que había que hacer.

De todas formas, antes de ponerse a investigar el efecto de alejar los circuitos, Hertz, escrupuloso donde los haya, quiso mejorar sus prestaciones, hacerlos lo más eficientes posible, tanto en la generación de las oscilaciones como en la detección. Cuando lo tuvo todo listo, después de pasarse meses probando diversas configuraciones, no quedaba ni rastro de

---

[2] El fenómeno de la inducción, descubierto por Faraday (capítulo 1), permitía explicarlo fácilmente.

las espirales primigenias. El circuito emisor se había convertido en dos varillas conductoras rectas, de tres cuartos de metro de largo, terminada cada una en una esfera de cobre de quince centímetros de radio.[3] Las varillas se alineaban enfrentando los extremos opuestos a las esferas hasta que casi se tocaban. Era en el pequeño espacio resultante, de unos pocos milímetros de longitud, donde saltaba la chispa primaria cuando se producía la descarga. El circuito detector, por otra parte, quedó reducido a un simple anillo conductor abierto, de unos treinta centímetros de radio, con una separación también pequeña entre los extremos, en la que —si todo iba bien— debía inducirse la chispa secundaria reveladora de la presencia de las ondas. Fueron las dos primeras antenas de la historia: la emisora y la receptora correspondiente (Figura 5).

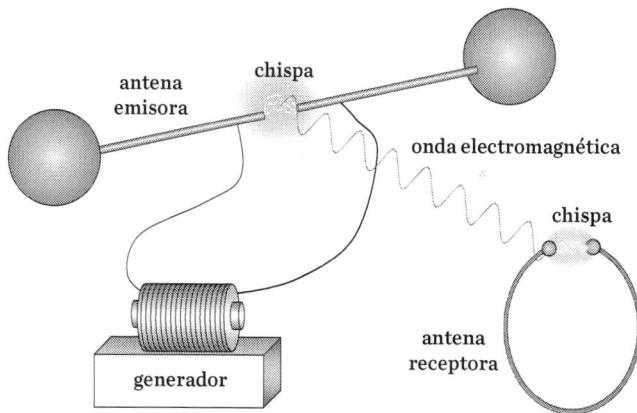

Figura 5. Experimento de Hertz. La producción de una chispa de alta frecuencia mediante una descarga eléctrica en un circuito oscilador induce la aparición de otra chispa en una espira circular abierta, situada a una distancia considerable. El resultado demuestra la existencia de las ondas electromagnéticas predichas por la teoría de Maxwell (esquema del autor).

---

[3] Las esferas eran del todo innecesarias, pero Hertz no podía saberlo entonces.

Dejemos que sea el propio Hertz quien nos explique qué observó al alejar el circuito detector: «lo que más admiración me suscitaba era la distancia cada vez mayor a la que percibía la acción; hasta entonces estábamos acostumbrados a ver que las fuerzas eléctricas disminuían según las leyes newtonianas y se hacían rápidamente imperceptibles al aumentar la distancia».

Hertz sabía bien lo que decía: con el fin de asegurar la validez del experimento, el joven profesor había trasladado los equipos de su laboratorio habitual, demasiado pequeño, a una sala de conferencias con un espacio de unos quince metros de pared a pared, una distancia suficiente para poner a prueba su teoría. Y, al iniciar las descargas eléctricas, observó que, por más que se alejara de la antena emisora, siempre observaba la aparición de una chispa en la receptora. El resultado, cómo no, lo complació. Tal como predecía la teoría de Maxwell, la acción se detectaba a larga distancia, como si la chispa generada en el circuito emisor reapareciera en el receptor, donde se hacía visible en el pequeño espacio entre los extremos enfrentados del conductor circular abierto. Con todo, ese resultado aún no era la confirmación definitiva. Faltaba una pieza importante, probablemente la más importante y, a la vez, la más difícil de demostrar.

Según la teoría, el campo electromagnético debía propagarse como una onda a la velocidad de la luz. Gracias al experimento anterior, Hertz había confirmado que el campo resultante de una oscilación se manifestaba, en efecto, a larga distancia, de acuerdo con la hipótesis ondulatoria. Sin embargo, la prueba estaba incompleta. Para hacerlo bien había que verificar, además, que la propagación tenía lugar a velocidad finita. Ese era el ingrediente clave, la idea que Faraday había defendido sin tregua años atrás y que surgía como una consecuencia natural y magnífica de la teoría que su heredero, Maxwell, había edificado sobre los fundamentos del concepto de campo. La dificultad residía en la elevadísima velocidad a la que viajaba la perturbación, la cual hacía que fuera imposible seguirla como se podría hacer con las olas en el agua de un estanque. La medición debía ser, forzosamente, indirecta.

Hertz encontró la solución en las interferencias. En 1807, Thomas Young había dejado constancia del carácter ondulatorio de la luz mediante la producción de interferencias por superposición de dos haces luminosos, los provenientes de cada una de las rendijas de su famoso experimento. Hertz comprendió que podía hacer algo parecido con sus ondas electromagnéticas. En la sala de conferencias situó, en un extremo, el circuito emisor y, en el otro, una enorme pantalla metálica plana, colocada verticalmente. Cuando las ondas radiadas por el emisor se reflejaran en la pantalla, regresarían por el mismo camino y se superpondrían a las incidentes generando interferencias (constructivas donde dos máximos de oscilación coincidieran y destructivas donde hubiera un máximo y un mínimo). Entonces podrían determinarse fácilmente las posiciones de interferencia constructiva con la antena receptora, desplazándola a lo largo de la dirección de propagación e identificando los puntos en los que la chispa inducida presentaba su máxima intensidad. Al realizar la medición, Hertz descubrió picos de intensidad a intervalos regulares, como correspondería a un patrón de interferencia, lo que le permitía conocer la velocidad de propagación de las ondas. Porque la distancia entre picos consecutivos corresponde a la mitad de la longitud de onda, y a partir de ese valor, junto con el de la frecuencia de la corriente de la antena emisora, podía obtenerse la tan anhelada velocidad.

Por desgracia, Hertz no tenía manera de conocer con precisión la frecuencia de oscilación de la corriente en el circuito emisor. A finales del siglo XIX no se disponía de instrumentos capaces de medir frecuencias como las de su antena, de cientos de millones de oscilaciones por segundo.[4] Ahora bien, podía estimar su valor una vez conocidas las característi-

---

[4] Las elevadas frecuencias con las que trabajaba Hertz eran imprescindibles. Si hubiera utilizado frecuencias mucho más bajas, la longitud de onda de la radiación habría sido ma-

cas eléctricas del circuito, y eso era suficiente, ya que, en realidad, Hertz no necesitaba obtener la cifra exacta de la velocidad; le bastaba con el orden de magnitud para verificar que era finita y cercana a la de la luz.

El éxito del experimento fue rotundo. Aunque en las sucesivas repeticiones siempre hubo discrepancias entre las velocidades obtenidas, en todos los casos se encontraban dentro de unos márgenes aceptables teniendo en cuenta las limitaciones de la época. Por fin la teoría conseguía su confirmación experimental definitiva: se habían generado ondas electromagnéticas mediante oscilaciones eléctricas y se había demostrado que se propagaban a una velocidad cercana a la de la luz. Ahora ya podía decirse que las ondas predichas por Maxwell existían de verdad.

La noticia corrió como la pólvora. Aquel resultado, que corroboraba la teoría de Maxwell, ratificaba al mismo tiempo las ideas de Faraday y relegaba prácticamente al olvido las anteriores teorías basadas en la acción a distancia. A partir de entonces nadie podía seguir dudando de la existencia del campo electromagnético ni de su propagación a velocidad finita. Y, por si eso fuera poco, el descubrimiento permitía, además, otorgar de una vez por todas naturaleza electromagnética a la luz, un fenómeno que se sabía que era ondulatorio desde los tiempos del experimento de Young, pero cuya verdadera esencia había continuado sumergida en el misterio.

La trascendencia de todo el asunto fue tan grande que al principio dejó en un segundo plano el descubrimiento de la nueva sección del espectro electromagnético que la demostración de Hertz llevaba implícito: el del espectro radioeléctrico, el cual se añadía al infrarrojo, al visible y al ultravioleta para ir aumentando poco a poco el catálogo de las radiaciones conocidas.

---

yor que las dimensiones de la sala de conferencias en la que se llevó a cabo el experimento, lo que habría hecho imposible la medición (recordemos que longitud de onda y frecuencia son inversamente proporcionales). Y aquí tenemos, ni más ni menos, la respuesta a la pregunta que nos habíamos hecho en un pie de página anterior.

Durante los años inmediatamente posteriores al experimento y hasta poco antes de la muerte del joven profesor en 1894 (a los treinta y seis años), el interés de los científicos se centró sobre todo en las similitudes que la nueva radiación presentaba con la luz visible (de hecho, el propio Hertz se había afanado en verificar, al poco tiempo de la publicación de los primeros resultados, que las ondas generadas por él se comportaban exactamente igual que las de la luz: proyectaban sombras, se reflejaban según la ley de igualdad de ángulos, cumplían la ley de Snell de la refracción y se difractaban como la radiación visible). Sin embargo, en la década de 1890 los científicos empezaron a fijarse en las diferencias, lo que enseguida los llevó a preguntarse por las aplicaciones que ese nuevo tipo de ondas —entonces llamadas hertzianas— podían tener. Y pronto comprobaron que las ondas de radio —así las llamamos ahora— tenían un poder transformador como nunca antes se había visto. Cien años después de los experimentos de Herschel y Ritter, ni la radiación infrarroja ni la ultravioleta habían traspasado las puertas del laboratorio; poco más de treinta años después del de Hertz, las ondas de radio entrarían en los hogares.

A mediados del siglo I a. C., en tiempos de la primera República romana, un mensaje proveniente de Bononia —la actual Bolonia— solía tardar entre cuatro y cinco días en recorrer los casi cuatrocientos kilómetros que separaban la villa de la capital republicana. Pasados diecinueve siglos, en tiempos de la última República romana, la de 1849, un correo entre Bolonia y Roma tardaba más o menos lo mismo (entonces aún no existía una amplia red de ferrocarril y la correspondencia seguía transportándose principalmente a caballo).[5] Solo un cuarto de siglo después, el mensaje viajará de una ciudad a otra en cuestión de minutos. Cuántos exactamen-

---

[5] En el siglo XIX, el trayecto entre ambas ciudades debía seguir un itinerario muy parecido al del siglo I a. C. Aún hoy el tramo de la autopista E35 entre Bolonia y Roma reproduce bastante bien el trazado que se cree que seguía la Vía Cassia en la antigüedad.

te dependerá de la longitud del texto que se quiera transmitir y de la velocidad de tecleo del telegrafista.

La invención del telégrafo supuso la primera aplicación de alcance global de la electricidad. Por un lado, por los ámbitos de la sociedad en los que incidió. Por otro, por la extensión geográfica que alcanzó en poco tiempo (los primeros modelos comerciales aparecieron en Londres en 1838 y hacia 1870 ya había líneas que conectaban el Reino Unido con América, la India y Australia).

El funcionamiento del telégrafo era simple: una estación emisora y una receptora estaban conectadas por medio de una línea de larguísimos cables conductores que conformaban un circuito eléctrico. Cuando se apretaba un pulsador en la estación emisora, se activaba un dispositivo electromecánico en la receptora que, o bien emitía un sonido, o bien imprimía una marca en una cinta de papel y, gracias a un sistema de codificación como el famoso código morse, los sonidos y las marcas podían traducirse en texto. Pocos años después de su invención, el concepto se extendería de la transmisión de impulsos aislados a señales más complejas que incorporarían la voz. Así nacería el teléfono.

Telégrafo y teléfono supusieron un salto adelante extraordinario en el mundo de las comunicaciones: jamás había podido enviarse un mensaje tan lejos con tanta rapidez. Pese a todo, ambos inventos requerían disponer de una extensa red de cableado para conectar las distintas estaciones emisoras y receptoras, lo que encarecía sustancialmente su coste. Además, ni con uno ni con otro podía establecerse comunicación con medios de transporte en movimiento, primero barcos y más adelante aviones y automóviles. Pero he aquí que en 1888 Heinrich Hertz hizo que el impulso eléctrico generado por una chispa en un circuito emisor se propagara como una onda hasta el receptor sin que hubiera conexión física entre ambos. Solo hacía falta juntar las piezas del rompecabezas: impulsos eléctricos es justo lo que se necesita para transmitir la información en telegrafía, para generar los puntos y las rayas que después se convertirán en texto. Así pues, si se disponía del mecanismo para hacerlo sin cables, entonces debía ser posible enviar cualquier mensaje a prácticamente cualquier lugar.

Telegrafía sin hilos: así es como se denominó la primera tecnología que permitió el intercambio de información mediante ondas de radio. Porque era verdadera telegrafía. Al fin y al cabo, cuando empezó a desarrollarse en la década de 1890, las únicas señales eléctricas que se sabía transmitir sin soporte material eran las que Hertz había empleado para demostrar la existencia de las ondas predichas por Maxwell. De hecho, no se necesitaba nada más. Como en el telégrafo convencional, la información se transmitiría codificada en una larga serie de impulsos eléctricos. Solo que ahora, en vez de viajar por un hilo, se desplazarían por el aire.

No fueron pocas las mentes brillantes que contribuyeron a llevar a buen puerto aquella tecnología: Oliver Lodge en el Reino Unido, Alexandr Stepanóvich Popov en Rusia, Nikola Tesla en Estados Unidos, Karl Ferdinand Braun en Alemania, Jagadish Chandra Bose en la India. Los esfuerzos de todos ellos fueron decisivos para hacer de la radiodifusión una realidad. No obstante, no es a ninguno de esos nombres al que habitualmente asociamos las ondas de radio, sino más bien —y quizá de manera algo injusta— al del italiano Guglielmo Marconi.

Marconi, a diferencia del resto de los héroes de la radio, no era un auténtico inventor. Pese a ser autor de un puñado de patentes, la mayoría correspondían a aparatos producto de la integración de dispositivos existentes más que a dispositivos genuinamente nuevos. Pero tampoco era un científico, alguien que pudiera proporcionar una base de conocimiento sólida sobre la que construir la nueva tecnología. Sin embargo, tuvo el acierto de darse cuenta antes que nadie de que el factor determinante del éxito o el fracaso de aquel negocio sería la distancia. Y entonces se entregó en cuerpo y alma a demostrar, utilizando las innovaciones tecnológicas de los demás, que podía enviar ondas de radio cada vez más lejos.

Marconi había nacido en el seno de una familia acomodada en 1874. Gracias a la fortuna de su familia, el joven Guglielmo jamás se vio obligado a prepararse para una determinada profesión, lo que le permitió disfrutar de una libertad fuera de lo común en lo relativo a los estudios. Eso hizo, por otra parte, que su trayectoria académica fuera notoriamente errática, en las antípodas de una educación reglada, de modo que, cuando a los dieciocho años decidió ingresar en la universidad, no tenía la formación necesaria. A pesar de las buenas aptitudes que demostró en física y en química, le fue denegado el acceso. Entonces se puso bajo la protección del profesor Augusto Righi, amigo de la familia y estudioso de la electricidad en la Universidad de Bolonia,[6] el cual enseguida detectó las excelentes capacidades del joven y lo dejó asistir a sus clases.

Cuando en 1894, después de un par de años al amparo del generoso profesor, Marconi leyó el artículo que el propio Righi había escrito con ocasión de la muerte de Hertz, comprendió rápidamente que las ondas descubiertas por el alemán tenían que hacer posible la comunicación telegráfica sin hilos. En el acto, se volcó en comprobarlo. Una vez adquirido el instrumental necesario, lo primero que hizo fue repetir el experimento original de Hertz en el ático de la mansión familiar. Animado por el éxito de la prueba y siguiendo los pasos del alemán, aumentó paulatinamente la separación entre el emisor y el detector y comprobó que siempre había señal. Cuando el ático se le quedó pequeño, trasladó el experimento a los jardines de la casa, donde continuó introduciendo mejoras en los aparatos a fin de lograr distancias cada vez mayores: veinte metros, treinta, cuarenta. Finalmente, utilizando una antena elevada, consiguió enviar la señal a unos cientos de metros del emisor, todo un récord.

---

[6] Bolonia era la ciudad natal de Marconi. Allí pasó toda su infancia y primera juventud. Su familia era propietaria de Villa Griffone, un opulento palacete que ahora acoge, además de un museo dedicado al inventor, la tumba en la que reposan sus restos mortales. El cuerpo fue trasladado a la propiedad en 1941 desde Roma, la ciudad que lo había visto morir cuatro años antes.

Por desgracia, ahí se frenó el avance. Por mucho que elevara la antena, ya no había forma de superar esa distancia. Y, si de verdad quería convencer a alguien de que la telegrafía sin hilos podía convertirse en una realidad, tenía que conseguirlo. Al principio, se las había arreglado bastante bien con la táctica de elevar la antena, pero era evidente que para alcanzar distancias mayores tenía que probar soluciones más imaginativas. Consciente, por otra parte, de que la ciencia no podría ayudarlo (aunque la respuesta estaba en la teoría de Maxwell, en 1894 nadie la había descubierto aún), Marconi tomó el camino más corto: actuaría a base de ensayo y error. Seguramente había formas más elegantes de proceder, pero esa era la única que tenía a mano, por lo que no le haría ascos. Estaba decidido a explorar tantas alternativas como fuera necesario para que la naturaleza por fin se rindiera y lo obsequiara con la solución deseada.

La rendición tuvo lugar al año siguiente, en 1895. En un golpe de inspiración, Marconi colocó verticalmente uno de los brazos de la antena manteniéndolo conectado a un polo de la fuente a través de un hilo conductor. A continuación, eliminó el otro brazo e, imitando una estrategia característica de la telegrafía convencional, conectó el polo opuesto a tierra (el dispositivo resultante se llama actualmente antena monopolar). Realizando esa operación tanto con la antena emisora como con la receptora, los cientos de metros de distancia se convirtieron de repente en un par de kilómetros. Y, aunque hubiera colinas o edificios entre las antenas, la señal se recibía igualmente. Gracias al nuevo dispositivo, había batido su propio récord como si nada. Un alcance de kilómetros, aunque no fueran muchos, representaba ya una prueba irrefutable de la viabilidad de la tecnología, la confirmación de una certeza que no lo había abandonado desde la lectura del artículo de Righi. Sin saber exactamente cómo, Marconi acababa de descubrir que la clave del problema no era la altura a la que se encontraba la antena, sino sus dimensiones.

La antena monopolar es un dispositivo curioso. Viene a ser una antena de Hertz mutilada, con el brazo superviviente dispuesto en posición vertical y el conector del brazo eliminado plantado en el suelo. Con esa configuración, se consigue duplicar su tamaño, ya que el suelo actúa como si fuera un espejo que refleja el brazo que queda y da la impresión —eléctricamente hablando— de que hay dos brazos. Así pues, desde el punto de vista de la radiación, el dispositivo se comporta igual que una antena de Hertz completa, eso sí, de dos veces el tamaño de un solo brazo. Y resulta que el tamaño determina la frecuencia de las ondas: cuanto más grande es la antena, más baja es la frecuencia (la situación es equivalente a los sonidos generados por los instrumentos musicales: un contrabajo, pongamos por caso, de dimensiones considerables, emite notas graves, mientras que un violín, mucho más pequeño, las emite agudas).

Antes del experimento de 1895, tanto Marconi como sus predecesores habían empleado siempre antenas pequeñas, de apenas un metro de largo, por lo que trabajaban a frecuencias relativamente altas, para las cuales la difracción era bastante irrelevante. En consecuencia, en esos experimentos la radiación se propagaba en línea recta, casi sin «dispersarse» alrededor de los obstáculos, más o menos como le ocurre a la luz. Emisor y receptor tenían que estar uno en la línea de visión del otro para que pudiera haber comunicación; si no, no se detectaba la señal.

En cambio, si se reducía la frecuencia utilizando una antena monopolar suficientemente larga, la capacidad de la radiación para sortear los objetos aumentaba de manera significativa. Por eso Marconi, trabajando con antenas de varios metros de largo, observó que ni los edificios ni las pequeñas lomas suponían una barrera insalvable para las ondas. Pero la historia no acababa ahí. Había un segundo efecto de la difracción, desconocido en 1895, que tenía una influencia aún más decisiva sobre el alcance de la antena: la presencia del suelo, un conductor eléctrico aceptable, alteraba el comportamiento de la onda, haciéndola viajar casi paralela al terreno. El efecto, conocido ahora como onda de superficie, permite que la radiación se propague más allá del horizonte siguiendo la curvatura del planeta, una posibilidad que los científicos de finales del siglo XIX ignoraban por completo.

En 1896 Marconi se trasladó a Inglaterra, donde un año más tarde fundó la Wireless Telegraph & Signal Company, cuyo nombre cambiaría en 1901 por el de Marconi's Wireless Telegraph Company. Con el apoyo de una empresa propia, protegido por una montaña de patentes y gracias a los contactos conseguidos tras el éxito de sus primeras demostraciones, el italiano puso en marcha una maquinaria fabulosa que le permitiría llevar hasta las últimas consecuencias su gran obsesión: la carrera por la distancia.

Al cabo de un par de años de su llegada a Inglaterra, Marconi pudo establecer comunicación entre el faro de South Foreland y el barco East Goodwin, que navegaba mar adentro, a veinte kilómetros de la costa; y en 1899, entre el mismo faro y Wimereux, en la otra orilla del canal de la Mancha, a unos cincuenta kilómetros. Con todo, el triunfo definitivo tuvo lugar en 1901, cuando conectó la península de Lizard, en Cornualles, con la isla de Wight, a trescientos kilómetros de distancia. Por primera vez, las ondas llegaban más allá de la línea del horizonte. Y, por si la hazaña se hubiera quedado corta, a finales de año intentó establecer comunicación entre las dos orillas del Atlántico, desde Lizard hasta la ciudad de St. John's, en Terranova, donde hizo volar una cometa enorme atada a un hilo conductor a modo de antena receptora (el hilo, y no la cometa, era lo que hacía realmente de antena). Por más que Marconi defendió en todo momento que había oído los tres clics correspondientes a la letra «S» en código morse en repetidas ocasiones, la poca fiabilidad de la prueba suscitó muchos recelos con respecto a la validez del resultado. Decidido a demostrar por todos los medios que la comunicación entre las dos costas era posible, en 1902 hizo construir una estación emisora en Nueva Escocia, desde la que, esa vez sí, contactó de forma inapelable con la otra orilla del océano.

Las pruebas transatlánticas fueron la demostración indiscutible del magnífico potencial de las ondas de radio. A partir de ese momento, ya no hubo marcha atrás. A comienzos de 1902, la comunicación a larga distancia aún estaba en pañales; solo una década después, en 1912, hasta diez embarcaciones distintas pudieron dar respuesta a los desesperados mensajes radiotelegráficos de socorro que la noche del 14 de abril emitió un barco llamado Titanic.

Sin embargo, y a pesar de la popularidad que alcanzó rápidamente, no fue la telegrafía sin hilos lo que convirtió las ondas de radio en una realidad cotidiana. Tal como ya le había ocurrido a la telegrafía convencional con el teléfono, la verdadera revolución tuvo lugar cuando se incorporó la voz. En ese caso, no obstante, la revolución fue mucho más sonada. Porque la nueva tecnología, a diferencia del teléfono, tenía la capacidad de transmitir información y entretenimiento desde un único emisor a miles y miles de receptores. A partir de los primeros años de la década de 1920, las familias empezarían a dar la bienvenida a un nuevo inquilino en sus hogares, el aparato de radio.

Sin la obsesión de Marconi por la distancia, la aceptación de esa nueva tecnología por parte del mundo de la industria habría sido muy distinta. La fascinación que causó la conexión de las dos orillas del Atlántico mediante ondas de radio fue la clave para conseguirlo: la prueba demostraba sin paliativos que el horizonte no era ninguna frontera insuperable. Y en eso fue determinante —ya lo sabemos— la antena monopolar, la novedad tecnológica que proporcionó las bajas frecuencias necesarias para que la radiación pudiera exhibir abiertamente su carácter ondulatorio, «esquivando» los obstáculos del camino y «arrastrándose» por el terreno como una onda de superficie. No obstante, si bien es cierto que así se explica el éxito de las primeras pruebas (como la que tuvo lugar entre Lizard y la isla de Wight, por ejemplo), también lo es que no puede entenderse del mismo modo la comunicación transoceánica. Debido a la curvatura de la Tierra, entre un emisor y un receptor situados uno a cada orilla del Atlántico se interpone un muro de agua de trescientos kilómetros de altura, un muro formidable que, ni con la ayuda de la difracción, podrían superar las ondas de Marconi. Aunque a las frecuencias empleadas por el italiano la onda de superficie era capaz de llegar hasta algunos cientos de kilómetros, en ningún caso podía vencer los más de tres mil que separan la costa de Europa de la de América. Además, en los ensayos a través del océano se había observado que el alcance de la señal era distinto durante el día y durante la noche, un hecho al que la difracción debería ser completamente inmune. Tenía que haber, pues, algún elemento desconocido hasta entonces que hiciera posible lo que parecía imposible, tanto la comunicación a muy larga distancia como las variaciones detectadas entre el día y la noche.

El elemento desconocido resultó ser un manto de materia sutil, invisible y lejano que envuelve el planeta por completo. Se trata de la ionosfera, el estrato atmosférico que aparece por primera vez a cincuenta kilómetros del suelo y que se extiende casi hasta los mil, y en el que una parte apreciable de sus constituyentes se encuentran ionizados, es decir, son átomos y moléculas que han perdido electrones y que, por tanto, están cargados eléctricamente. Es por eso, por la carga eléctrica, por lo que la ionosfera puede interactuar con determinadas ondas de radio. En concreto, a las frecuencias que Marconi empleó en las pruebas transatlánticas, la ionosfera actúa como un espejo, de modo que una onda proveniente de la superficie de la Tierra se ve reflejada en ella y vuelve a descender de acuerdo con la ley de igualdad de ángulos de la reflexión. Así es precisamente como una señal emitida desde Europa puede llegar a la costa americana, después de rebotar en la inmensa capa de gas ionizado que le hace de techo electromagnético. Por otra parte, dado que la ionización está producida por radiación proveniente del sol, ultravioleta y de rayos X, la composición de la ionosfera varía entre el día y la noche, razón por la cual se observan diferencias de alcance entre la comunicación diurna y la nocturna, justo como había observado Marconi en 1902, cuando llevó a cabo la prueba definitiva a través del Atlántico.

Ese mismo 1902, poco después de que la noticia de las pruebas transoceánicas se hiciera pública, el inglés Oliver Heaviside y el estadounidense Arthur Kennelly ya propusieron la posible existencia de un estrato eléctricamente conductor en la atmósfera para explicar sus resultados. En sus modelos, preveían que el mecanismo responsable de la comunicación tenía que ser la reflexión de las ondas de radio en el hipotético estrato, que a partir de entonces se llamó capa de Heaviside. Hecha la propuesta, ninguno de los dos intentó demostrar que la supuesta capa existiera realmente y la idea tampoco despertó un gran interés en los demás científicos de la época. No fue hasta los inicios de la década de 1920 cuando, como consecuencia de la expansión de las comunicaciones por radio, el mundo de la ciencia empezó a mirar la idea de Heaviside y Kennelly con otros ojos.

La primera evidencia empírica de una región atmosférica que reflejaba las ondas de radio llegó en 1924 gracias al inglés Edward Appleton, quien más adelante descubriría que lo que aún se conocía como capa de Heaviside no era una estructura homogénea, sino que, en realidad, estaba compuesta de una sucesión de subcapas, todas ionizadas, si bien con propiedades distintas entre sí. En 1926 se decidió reservar el nombre original de capa de Heaviside para una de las subcapas inferiores (a una altura de unos cien kilómetros) y, de acuerdo con la naturaleza eléctricamente activa del conjunto, al final se llamó ionosfera a la estructura formada por todas las capas juntas. El autor de la denominación había sido Robert Watson-Watt, un ingeniero eléctrico escocés que trabajaba en la Oficina Meteorológica del Ministerio del Aire del Reino Unido.

Hacía tiempo que la Oficina Meteorológica iba detrás de un método para detectar la aparición de tormentas eléctricas a distancia, por lo que en 1916 habían reclutado a Watson-Watt, un especialista en radiofrecuencia que proponía utilizar las ondas de radio emitidas por los rayos como sistema de detección. Los dispositivos que desarrolló entonces no solo lo hicieron posible, sino que, más adelante, en los años veinte, fueron decisivos en el estudio y la caracterización de la ionosfera (fue durante ese periodo cuando el escocés propuso el nombre con el que ahora la conocemos).

En la década siguiente, y a consecuencia de algunos cambios y reorganizaciones en la Oficina Meteorológica, el equipo en el que trabajaba Watson-Watt se integró en una institución más grande, el National Physical Laboratory, dentro del cual se creó una unidad de investigación en tecnología de radio dirigida por él mismo. Durante un par de años la unidad continuó con el estudio de la estructura de la ionosfera, una labor que dio buenos frutos en el desarrollo de estrategias de comunicación a larga distancia, pero en 1935 el Ministerio del Aire envió una consulta al ingeniero Watson-Watt que cambiaría bruscamente el curso de aquella investigación.

A mediados de los años treinta, Europa estaba volviendo a entrar en ebullición. El ascenso al poder de Mussolini en Italia y, sobre todo, de Hitler en Alemania presagiaba el estallido de una segunda guerra mundial. En el clima prebélico del momento, no tardaron en proliferar, bajo la creciente influencia del cine y la literatura de ciencia ficción, todo tipo de fantasías relativas a la fabricación de armas increíbles, unas armas que tanto podían proteger a las islas británicas del ataque de sus enemigos como, en manos de estos, aniquilarlas por completo. Una de las más populares fue el «rayo de la muerte», una especie de cañón de ondas de radio que debía ser capaz de abatir cualquier aeronave a kilómetros de distancia. Se trataba de un tema candente en los medios de comunicación. Pese a ser conscientes de que el «rayo de la muerte» solo era una fantasía, ante la presión mediática cada vez más intensa, las autoridades del Ministerio del Aire quisieron dar una respuesta bien fundamentada a la opinión pública, por lo que se dirigieron a Watson-Watt para preguntarle por la viabilidad de construir un arma como esa.

La cara que puso el escocés al recibir la consulta debió ser digna de ver. Aunque teóricamente el arma era posible, ni con la estación emisora más grande imaginable podía generarse la potencia necesaria para lograr abatir una aeronave. Aquello era un disparate. Sin embargo, Watson-Watt se abstuvo de responder apresuradamente. Por el contrario, pidió a su colega Arnold Wilkins, más versado que él en las artes del cálculo, que hiciera los números. Con los cálculos de Wilkins, Watson-Watt pudo presentar un informe detallado al Ministerio en el que demostraba con todo lujo de detalles la imposibilidad de fabricar el arma. Y se las ingenió para transmitir, junto con el informe, la propuesta que de verdad le interesaba: con las ondas de radio quizá no pudieran abatirse aviones, pero sí se los podía detectar antes de que fueran visibles.

Aunque Watson-Watt siempre se presentó como el inventor del radar, lo cierto es que, cuando envió el famoso informe, la idea llevaba tiempo en el aire. Casi desde los primeros años de las comunicaciones por radio, se había observado que, en ciertas ocasiones, cuando barcos y aviones se interponían en el camino de las ondas, la señal perdía intensidad debido a las reflexiones que se producían en las naves. Sabiéndolo, y ante la proximidad de la guerra, varios países aparte del Reino Unido (Alemania, Estados Unidos, Francia, Japón, la Unión Soviética) también habían puesto en marcha proyectos de investigación destinados a explotar el efecto. La propuesta de Watson-Watt no era, pues, de una originalidad apabullante. De todas maneras, no seamos demasiado severos con él ahora, ya que hay dos buenas razones que le avalan el mérito. En primer lugar, y a diferencia de los diseños del resto de futuros contendientes, el suyo permitía determinar con exactitud la posición del blanco enemigo (los demás podían detectar que había aviones acercándose, pero sin saber con precisión dónde se encontraban; ahí fueron determinantes los sistemas desarrollados con anterioridad en la Oficina Meteorológica). En segundo lugar, ninguno de los Gobiernos de los demás países apostó tan decididamente por el radar[7] como el del Reino Unido, al menos antes del inicio de la guerra. Y, en buena medida, eso también fue gracias a Watson-Watt. Porque, si algo no se le podía reprochar al escocés, era que no fuera insistente, muy insistente.

---

[7] Radar es un acrónimo de *Radio Detection And Ranging*, el término que utilizó el ejército estadounidense para designar la tecnología durante la guerra. El nombre propuesto anteriormente por los británicos, *Radio Direction Finding* (RDF), no prosperó.

Sin esperar a recibir respuesta al informe, Watson-Watt envió otro perseverando en la necesidad de poner a punto un sistema de detección por ondas de radio. Y, al cabo de quince días —y un poco más de insistencia—, ya tenía organizada una demostración con un avión de combate real. El resultado fue suficientemente satisfactorio para empujar al Gobierno británico a llevar a cabo el proyecto.

Solo cuatro meses después de la demostración, en junio de 1935, se logró detectar una aeronave a treinta kilómetros de distancia y, a principios de 1936, el alcance ya era de más de ciento cincuenta. Cuando estalló la guerra en septiembre de 1939, las veintiuna estaciones emisoras y receptoras de Chain Home, la cadena de defensa por radar británica, cubrían la práctica totalidad de la costa este de Gran Bretaña. Gracias a ese sensacional cinturón de vigilancia, la ofensiva aérea alemana que tenía que preceder a la operación León marino, la invasión por mar de Inglaterra, fue un fracaso: los interceptores de la Royal Air Force se presentaban siempre en la posición en la que se encontraban los bombarderos enemigos mucho antes de que estos pudieran llegar a su objetivo.

En vista de las bajas sufridas, en septiembre de 1940, el alto comando alemán decidió posponer indefinidamente la operación y ya nunca se retomó. A lo largo del conflicto, los distintos ejércitos acabarían desarrollando otros sistemas de radar, muchos con mejores prestaciones que la versión preliminar empleada por los británicos en Chain Home, pero hoy en día nadie puede poner en duda el papel decisivo que tuvo esa pionera a la hora de impedir la invasión del Reino Unido durante la Segunda Guerra Mundial.

Por el desarrollo del radar, Watson-Watt fue condecorado en 1942 con el título de caballero. A partir de entonces, y tal como dicta el protocolo, las tres letras preceptivas encabezarían su nombre en todo momento: sir Robert Watson-Watt.

Una vez terminada la guerra, el escocés aún vivió un tiempo en el Reino Unido, ejerciendo como consultor científico y haciendo campaña en contra del armamento nuclear. Sin embargo, a causa de una relación matrimonial difícil y de algunos problemas financieros, a principios de la década de 1950 decidió emigrar a Canadá. Fue allí donde un buen día, circulando en coche acompañado de su segunda esposa, un agente de policía detectó que superaba el límite de velocidad por medio de uno de los primeros radares de tráfico que hubo en el país norteamericano. Mientras el agente lo sancionaba con una multa de doce dólares y medio, sir Robert, siempre burlón, no pudo evitar soltarle: «si llego a saber que lo utilizarían para esto, no lo habría inventado».

CAPÍTULO 6

Una mirada penetrante

Del inesperado descubrimiento de los rayos X y del valiosísimo servicio que prestaron, incluso antes de que se supiera qué eran exactamente, en el ejercicio de la medicina; y, también, de la curiosa forma en la que se desveló su naturaleza y de las consecuencias que tuvo todo ello.

Londres. Una noche de invierno de 1953. La cortina es tan fina que permite ver la farola que alumbra la calle. El globo incandescente se aprecia con una nitidez aceptable, aunque no igual de bien que si la cortina no estuviera. Una cruz luminosa, en cuyo centro se encuentra el globo, se superpone a la imagen. Sus brazos, largos y brillantes, se proyectan arriba y abajo y a derecha e izquierda. Es el efecto de la difracción que experimenta la luz al atravesar la tela de la cortina (Figura 6a).

La lámpara de la farola ha emitido una onda luminosa que se ha propagado por el aire hasta llegar al cristal de la ventana y, una vez ahí, lo ha atravesado sin apenas alterarse. Sin duda, la onda ha perdido algo de intensidad como resultado de la pequeña reflexión que ha experimentado en la cara del cristal que da a la calle y en la que da a la habitación, y también es verdad que la refracción ha modificado ligeramente su frente. Una insignificancia, por lo demás (todos sabemos por experiencia que ve-

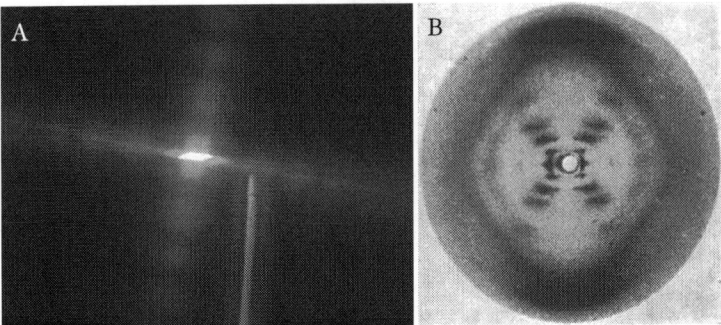

Figura 6. A. Imagen de una farola obtenida a través de una cortina fina. Se observa la cruz luminosa alrededor de la imagen, resultado de la difracción que experimenta la luz cuando atraviesa el entramado del tejido (fotografía del autor). B. La famosa fotografía 51 de Rosalind Franklin y Raymond Gosling con el difractograma de rayos X de la molécula de ADN (fotografía de Rosalind Franklin. Reproducida por Maria Evagorou, Sibel Erduran, Terhi Mäntylä).

mos perfectamente a través del cristal de una ventana). Ahora bien, con la cortina la situación ha cambiado de golpe.

En ese caso, la luz se ha topado con un retículo formado por los hilos del tejido. Así pues, la onda ha tenido que atravesar una distribución bidimensional de minúsculos orificios rectangulares, limitado cada uno a derecha e izquierda por los hilos de la urdimbre y por arriba y por abajo por los de la trama (un tejido no es otra cosa que una red periódica de hilos). Y ya sabemos que, debido a la difracción, la luz, al atravesar una abertura, se dispersa a ambos lados de su perímetro, como si se derramara. Dado que ocurre lo mismo con el resto de los agujeros del retículo, la parte difractada por cada orificio se superpone a la de sus vecinos adyacentes; y a los de más allá; y a los de más allá aún; y, cuando dos o más ondas se superponen, se producen interferencias. Por extraño que pueda parecer, el efecto combinado de la difracción en cada orificio con las interferencias múltiples entre sus vecinos es, en el caso de una red rectangular como la cortina, la cruz luminosa que se aprecia alrededor de la imagen del globo de la farola.[1] Rosalind Franklin no se ha dado cuenta de eso al pasar por delante de la ventana, camino de la mesa donde la esperan las fotografías que la traen de cabeza desde hace tiempo.

Las fotografías que tiene esparcidas en la mesa no son retratos de familia. Tampoco son recuerdos de su última excursión a la montaña —Franklin es una excursionista consumada— ni de un viaje reciente. Las fotografías que le quitan el sueño son muy extrañas. Tan solo se aprecian manchas de color gris de distintas intensidades, sin que se adivine ninguna figura fácilmente reconocible. Las manchas, eso sí, casi siempre están dispuestas simétricamente respecto de un eje en una distribución que sugiere un orden perfecto. Podrían recordar, quizá, las figuras del test de Rorschach, esas imágenes de aspecto inquietante que se supone que permiten evaluar la personalidad de un individuo en función de lo que cree ver al contemplarlas. De todos modos, el propósito de las fotografías de Franklin no tiene nada que ver con el análisis psicológico. La información que espera obtener de ellas es de una naturaleza completamente distinta. Tienen que revelarle la forma de una molécula.

Ya hace años que se sabe que el soporte material de la herencia genética de los seres vivos es una molécula gigante constituida únicamente por átomos de carbono, hidrógeno, oxígeno, nitrógeno y fósforo, una molécula con un nombre tan incómodo de pronunciar que todo el mundo la conoce por las siglas ADN. También se sabe que el ADN es una cadena en la que cada eslabón está compuesto por un grupo fosfato, un azúcar y una base nitrogenada, de las que hay cuatro tipos: adenina, citosina, guanina y timina. Pero, en cambio, no se sabe cómo esos elementos se organizan en el espacio, es decir, qué forma tiene la cadena. Y conocer su estructura es fundamental, porque será lo que determine cómo se copia y se trans-

---

[1] De hecho, si nos fijamos bien, descubriremos que los brazos de la cruz no son uniformes, sino que están formados por una serie de bandas claras y oscuras. Además, si la farola emite luz blanca, veremos que cada una de las franjas claras está constituida a su vez por una serie de franjas más estrechas de colores, los colores del espectro visible.

mite la información genética. Quien logre averiguarlo habrá descubierto una de las claves del misterio de la vida. Es fácil de entender, por tanto, que Franklin pierda el sueño por las fotografías que tiene sobre la mesa.

Rosalind Franklin es doctora en química y trabaja como investigadora en el King's College de Londres. Es allí donde ha obtenido, junto con su estudiante de doctorado, Raymond Gosling, los difractogramas de rayos X —así se llaman las enigmáticas fotografías— que se amontonan en la mesa. Para obtener cada uno de los difractogramas, Franklin y Gosling han tenido que irradiar una muestra de ADN con un haz de rayos X. Cuando la radiación ha incidido en la muestra, se ha encontrado con una distribución ordenada de átomos que la han dispersado de forma similar a como el entramado de la cortina dispersaba la luz de la farola. Así pues, la radiación X se ha difractado en el ADN y ha generado, al salir, una distribución de intensidad equivalente a la cruz de brazos luminosos que el ojo del observador detectaba en el caso de la cortina. Sin embargo, ahora el papel del ojo lo ha desempeñado una placa fotográfica, sobre la que se ha registrado la figura de difracción, que ya no corresponde a una cruz (la muestra de ADN no es una red rectangular), sino que su forma viene determinada por cómo se organizan los átomos en la muestra. En principio, a partir de la distribución de manchas que conforman la figura de difracción, debería ser posible descubrir la estructura de la molécula. No obstante, nadie ha dicho que tenga que ser fácil.

A pesar de sus esfuerzos, Franklin no lo conseguirá del todo. Nunca se ha sentido bien en el King's College y, por ese motivo, decidirá cambiar de aires al cabo de poco y aceptar una oferta para trabajar en el Birkbeck College, también en Londres, por lo que abandonará la investigación en ADN antes de haber resuelto completamente su estructura. Sin que ella lo sepa, su colega Maurice Wilkins, con quien no se lleva nada bien, proporcionará acceso a una parte de sus resultados (entre ellos, la célebre fotografía 51, Figura 6b) a sus competidores del Cavendish Laboratory, Francis Crick y James Watson, quienes, basándose en buena medida en esa información, propondrán un modelo de doble hélice para la molécula de ADN que encajará con todas las evidencias experimentales de que se disponía entonces. En 1962, Crick, Watson y Wilkins recibirán el premio Nobel de Fisiología o Medicina por el descubrimiento. Franklin habrá muerto en 1958 a la edad de treinta y siete años.

Mientras que siempre se presenta a Crick y Watson como los audaces descifradores de la estructura del ADN, no siempre se hace justicia al papel de Franklin en su descubrimiento. Con demasiada frecuencia se pasa por alto que, sin la meticulosa búsqueda de la investigadora del King's College, la pareja del Cavendish Laboratory difícilmente habría triunfado, ya que ninguno de los dos era experto en la técnica de difracción de rayos X, y se necesitaba un verdadero experto para conseguir que la doble hélice confesara sus secretos más ocultos. De no haber sido por los oportunísimos resultados de Franklin, es casi seguro que Crick y Watson no habrían sido capaces de desvelar la forma correcta de la molécula antes que ningún otro. Y tan decisiva como la experta fue la herramienta, una técnica de análisis de la estructura de los materiales que basaba su funcionamiento en una radiación descubierta casi por azar cincuenta y ocho años antes, los rayos X.

En último término, los rayos X fueron el instrumento mediante el cual empezamos a entender los mecanismos moleculares que hacen posible el viaje evolutivo de las especies de generación en generación.

En 1895, el alemán Wilhelm Conrad Röntgen, profesor de la Universidad de Wurzburgo, tenía ya cincuenta años. Pese a ostentar la cátedra de física de una de las universidades más antiguas de Alemania y gozar de una carrera investigadora impecable, Röntgen no formaba parte de la élite científica del momento. Su investigación había destacado siempre por el rigor y la precisión y todos apreciaban la calidad de sus trabajos, pero, a diferencia de otros colegas cercanos, él nunca había logrado ningún resultado excepcional. Pocos habrían imaginado que a la edad de cincuenta años obtendría uno gracias al cual ingresaría, casi de la noche a la mañana, en el club de los más distinguidos.

A lo largo de su dilatada carrera, Röntgen, como otros muchos científicos del siglo XIX, se había interesado por un abanico amplísimo de temas de investigación. Antes del descubrimiento que lo haría famoso, había trabajado en el estudio del calor específico de los gases, la conducción térmica en cristales cerámicos, la acción capilar de los líquidos, la piezoelectricidad[2] o el comportamiento electromagnético de los materiales dieléctricos[3] e, incluso, había investigado en el campo de la telefonía. A principios de 1894, incapaz de resistirse a la moda imperante en la física del cambio de siglo, su interés se dirigió hacia los rayos catódicos.

Cuando en el interior de un tubo de vidrio con un gas a presión muy baja se establece un voltaje elevado entre dos electrodos, aparece una radiación que viaja en línea recta desde el electrodo negativo (el cátodo, de ahí el nombre) hasta el positivo (el ánodo), del cual pasa de largo y acaba llegando al fondo del tubo, donde genera una luminiscencia de color verde. Ahora sabemos que los rayos catódicos son haces de electrones emitidos por el cátodo, los cuales, después de ser acelerados por el fuerte voltaje presente en el tubo, impactan con el vidrio del fondo y dan así lugar a la luz verde que allí se observa. No obstante, a principios de la década de 1890 se desconocía la existencia del electrón y, por tanto, no se sabía exactamente en qué consistía ese tipo de radiación que fascinaba a los científicos de todo el mundo.[4]

A finales del verano de 1895, aunque ya llevaba casi dos años trabajando con los rayos catódicos, Röntgen aún no había llevado a cabo nin-

---

[2] La piezoelectricidad es la capacidad que tienen ciertos materiales de polarizarse eléctricamente bajo la acción de una fuerza.

[3] Un material dieléctrico es esencialmente un material aislante.

[4] De todas formas, parecía claro que se trataba de partículas con carga eléctrica, puesto que se había demostrado que se desviaban en el seno de un campo magnético suficientemente intenso.

gún experimento original. Siendo como era un hombre cauteloso, hasta entonces se había limitado a repetir los experimentos de sus predecesores: quería estar seguro de que dominaba bien la técnica antes de lanzarse a la aventura. Además, durante ese periodo había tenido que compatibilizar su actividad investigadora con sus obligaciones como rector de la universidad, un cargo que le había dejado poco tiempo libre para la investigación. Sin embargo, al finalizar el curso de 1894-1895, su mandato de rector terminó y por fin pudo volver a dedicar horas al laboratorio. Era el momento de abordar el estudio de los rayos catódicos con experimentos de cosecha propia.

No sabemos con exactitud qué ocurrió el 8 de noviembre de 1895 ni en las seis semanas siguientes. A lo largo de esos días de actividad frenética, el minucioso profesor trabajó sin la colaboración de ningún ayudante, en absoluto aislamiento. No hubo testimonios directos de su hallazgo. Para acabarlo de rematar, en sus últimas voluntades, Röntgen estableció que después de su muerte había que quemar toda su documentación, libretas de laboratorio incluidas. Por consiguiente, tampoco quedó un registro escrito de sus experimentos. Por suerte, gracias a las publicaciones científicas, a las noticias de la época y a la correspondencia que el profesor mantuvo durante su descubrimiento y en los meses posteriores, podemos hacernos una imagen bastante precisa de cómo se desarrolló —seguramente— la película de los hechos.

Es verosímil pensar que el 8 de noviembre Röntgen estaba experimentando con un tubo de Lenard, una clase de tubo de rayos catódicos cuyo fondo no es de vidrio, sino de aluminio, una finísima lámina de ese material que permite la salida de los rayos al aire. Como quería utilizar una placa fluorescente como detector (que emitía luz visible bajo el impacto de los electrones), Röntgen mantenía el laboratorio a oscuras y las paredes del tubo envueltas en cartón negro: así podía percibir hasta la fluorescencia más débil sin que ninguna luz parásita desvirtuara una medición correcta. Al poner en marcha la fuente de corriente, observó de repente un resplandor en la placa detectora. Sin embargo, aún no la había colocado en su sitio, enfrentada a la salida del tubo. De hecho, la placa estaba apoyada sobre una mesa, a una distancia considerable. Cuando seguidamente apagó la corriente, el resplandor desapareció; y al volver a encenderla, de nuevo apareció. La fluorescencia no podía provenir del impacto de los rayos catódicos con el detector, ya que en el aire se extinguen a los pocos centímetros y la placa estaba lejos, a más de un metro de distancia. Aunque al principio pensó que podía tratarse de radiación ultravioleta, le bastó con interponer un trozo de cartón entre la salida del tubo y la placa fluorescente para descartar esa posibilidad. El resplandor no se apagaba. Ni interponiendo un trozo de cartón ni con un libro de mil páginas. Aquello tenía un poder de penetración que no se había visto nunca.

Durante los días siguientes, el suspicaz profesor no le habló de su hallazgo a nadie, ni tan siquiera a su mujer. Le horrorizaba pensar en el ridículo de anunciar un falso descubrimiento. Se encerró en el laboratorio y allí llevó a cabo tantos experimentos como pudo con el equipamiento disponible en la universidad.

Probó distintos tipos de tubos de rayos catódicos, entre ellos los más comunes, con el fondo de vidrio, que no dejan salir los electrones al exterior, y comprobó que, al margen de cuál utilizara, siempre se observaba esa radiación invisible que parecía penetrarlo todo. También verificó que los rayos, a los que llamó X (el símbolo matemático de la incógnita), provenían del fondo del tubo, viajaban en línea recta y ni los imanes más potentes conseguían desviarlos.[5] Y, por supuesto, no se olvidó de poner a prueba su poder de penetración haciendo uso de los materiales que encontró a su alrededor. Así, descubrió que el papel, la tinta y la madera eran casi totalmente transparentes a los rayos X; que una lámina de quince milímetros

---

[5] Los rayos X son radiación electromagnética de muy alta frecuencia emitida cuando los electrones impactan con el fondo del tubo de rayos catódicos. Por eso se observa que siempre proceden de esa parte del tubo, que viajan en línea recta y que, al no ser partículas materiales, no se los puede desviar con un campo magnético.

de aluminio, por el contrario, atenuaba sensiblemente su intensidad; y que poco más de un milímetro de plomo era completamente opaco.

Por último, en una de las mediciones, mientras sostenía un pequeño disco metálico delante del haz de radiación, observó, a la vez que la sombra del disco en la placa fluorescente, la sombra de sus propios dedos. Para alguien que nunca había visto una radiografía —naturalmente, aquello apenas era su germen—, la visión de los huesos de la mano, con las falanges bien diferenciadas, debió ser estremecedora.

Si bien en sus primeros descubrimientos Röntgen había experimentado el pánico del falso resultado, ahora ya no tenía ninguna duda de que se encontraba ante una primicia. La sombra del esqueleto de su mano acabó de convencerlo. Pese a todo, sabía que no dormiría tranquilo hasta que no encontrara la manera de inmortalizar las efímeras observaciones que proporcionaba la placa fluorescente. Necesitaba una prueba tangible que lo ayudara a convencer a sus colegas más escépticos. Entonces pensó que la nueva radiación, pese a no ser visible, quizá impresionaba la película fotográfica, al igual que la radiación ultravioleta, también invisible. De ser así, se podrían irradiar distintos objetos con rayos X y deberían observarse sus correspondientes sombras impresas en la película.

En el siglo XIX la fotografía era una actividad mucho más compleja y laboriosa que ahora. No solo costaba acertar los tiempos de exposición adecuados con medidores rudimentarios o inexistentes, sino que, una vez obtenida una imagen, la película fotográfica tenía que revelarse manualmente a través de un proceso químico casi artesanal. Unas dificultades que, en el caso de Röntgen, se sumaban al hecho de utilizar como fuente de iluminación una radiación invisible y completamente desconocida (en la obtención de las imágenes, como las lentes de vidrio no focalizan la radiación X, había que prescindir de la cámara y situar la película justo a continuación del objeto). Por suerte, el alemán era aficionado a la fotografía desde hacía años, lo que le permitió salir del paso a pesar de no contar con la ayuda de ningún asistente.

En cuanto encontró las condiciones idóneas para registrar imágenes mediante los rayos X, Röntgen se dedicó sin tregua a fotografiar los mismos objetos cuya sombra había observado proyectada sobre la placa fluorescente. La fotografía de su mano fue, obviamente, el resultado más impresionante de todos. Quince minutos de exposición con la palma inmóvil sobre la película produjeron la primera radiografía anatómica de la historia.

La prueba que Röntgen llevaba semanas buscando se mostraba diáfana ante él. Se hace difícil imaginar una demostración de la existencia de los rayos X más convincente que una imagen de los huesos de una mano obtenida sin necesidad de desgarrar ni la carne ni la piel. Ya no había nada que temer. Cuando publicara el descubrimiento, nadie dudaría del profesor Röntgen: aquello era una novedad incuestionable.

Antes de ponerse a preparar la imprescindible publicación, Röntgen por fin invitó a su mujer al laboratorio para mostrarle los frutos de sus últimas semanas de trabajo. Y, en vez de enseñarle la radiografía, hizo otra, esa vez de la palma de ella. Ignoramos si se trató de una deferencia hacia la esposa que había aguantado resignada un mes y medio de ausencia de su marido o más bien del simple deseo de obtener otra imagen de una mano, de mejor calidad si era posible. El caso es que el 22 de diciembre de 1895 Bertha Röntgen recibió un anticipo del regalo de Navidad que no olvidaría jamás. Al ver los huesos de sus dedos impresos en la película fotográfica, exclamó, estremecida, que tenía la impresión de haber presenciado su propia muerte (Figura 7).

En tan solo cinco días y con la celebración de la Navidad en medio, Röntgen redactó un artículo científico en el que exponía a lo largo de diecisiete puntos las observaciones realizadas con «una nueva clase de rayos», los rayos X. El día 28 de diciembre se lo hizo llegar a la Sociedad Médica de Wurzburgo para que lo publicaran en la revista de la institución y, aunque solo se aceptaban trabajos que ya se hubieran presentado en las sesiones públicas de la sociedad, ante la trascendencia del descubrimiento se hizo una excepción: el artículo se publicó *ipso facto*.

A primera vista, puede resultar chocante que Röntgen escogiera una revista médica de ámbito local para dar a conocer un descubrimiento de tal magnitud; sin duda, una revista de física de alcance internacional habría sido más apropiada. Sin embargo, el astuto profesor sabía bien que esa segunda opción habría retrasado unas semanas la salida a la luz del artículo y no estaba dispuesto a tolerar que nadie se le adelantara. En esa época había muchos científicos que investigaban con tubos de rayos catódicos y no era nada improbable que algún otro se hubiera topado ya con los rayos X. Por otra parte, como el hallazgo tenía una aplicación tan inmediata y revolucionaria en el campo de la medicina, nadie se sorprendería de que el destinatario del trabajo fuera una revista médica.

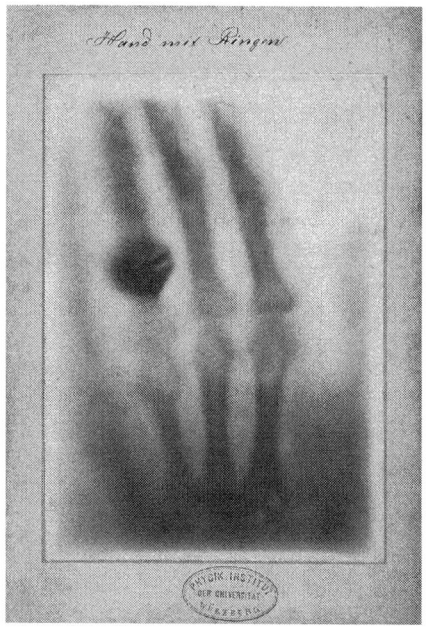

Figura 7. Radiografía de la mano de Bertha Röntgen obtenida por su marido, Wilhelm Conrad Röntgen, el 22 de diciembre de 1895 (Wikimedia Commons).

Desgraciadamente, la publicación no incluía reproducciones de las fotografías obtenidas, de manera que el profesor volvió a encerrarse en el laboratorio un par de días más para hacer tantas copias de ellas como pudo. El día de Año Nuevo de 1896 se presentó en la oficina de correos —por increíble que parezca estaba abierta en una fiesta tan señalada— con una serie de sobres remitidos a diversos científicos de Europa. Cada sobre contenía un ejemplar del artículo y algunas de las fotografías, entre ellas, por supuesto, la radiografía de la mano de Bertha.

La conmoción que provocó aquella radiografía fue formidable. A través del boca a boca, la noticia se abrió rápidamente camino desde los buzones de los científicos destinatarios de las fotografías hasta las rotativas de Europa y América.

El 5 de enero de 1896, solo cuatro días después de la visita de Röntgen a la oficina de correos, el diario vienés *Die Presse* se hizo eco del descubrimiento; el 7 de enero le tocó el turno al *Frankfurter Zeitung*; y ese mismo día la nueva cruzó el Atlántico y apareció en el *St. Louis Post-Dispatch*. Y, por supuesto, la noticia tuvo un impacto igual de mayúsculo entre la comunidad científica del momento. A finales de 1896, apenas un año después del hallazgo, se habían publicado más de mil artículos de investigación en torno al tema. Ni las ondas de radio de Hertz habían tenido una difusión tan extraordinaria. Sin embargo, aún fue más sensacional la velocidad con que la radiación descubierta por Röntgen se incorporó a la práctica médica.

En *La montaña mágica*, la celebrada novela de Thomas Mann, los rayos X están omnipresentes. Sus personajes, todos ellos internos de un sanatorio para tuberculosos de los Alpes suizos, suelen llevar encima una radiografía de sus pulmones enfermos, un hábito que llega al paroxismo cuando Hans Castorp, el héroe de la historia, recibe como prenda una radiografía del pecho de su amada.[6] Aunque el libro se publicó en 1924, el

---

[6] El episodio es una parodia macabra de la costumbre romántica que tenían las «señoritas de buena familia» de obsequiar a su amado con un retrato suyo.

argumento de la obra transcurre entre 1907 y 1914. La novela es, pues, un buen testimonio de hasta qué punto la radiación de Röntgen ya era popular en los establecimientos médicos en la primera década del siglo XX.

En efecto, muy poco tiempo después de que se descubrieran, los rayos X hicieron su aparición en los consultorios médicos. En la ciudad de Viena, por ejemplo, apenas una semana después de que apareciera la nota de su descubrimiento en los periódicos, ya se utilizó la nueva radiación para complementar un diagnóstico tradicional. En Estados Unidos, la primera radiografía de un hueso fracturado se obtuvo no mucho más tarde, el 3 de febrero de 1896, el mismo día que en Canadá se localizó la posición de una bala en una víctima de disparo también gracias a una radiografía. Y pocos días después, en el Reino Unido se utilizó la radiación X para dirigir una intervención quirúrgica. Al año siguiente, en 1897, los hospitales de todo el mundo empezaron a incorporar aparatos de rayos X en sus salas de forma rutinaria. A las puertas del siglo XX, la radiología estaba a punto de convertirse en una especialidad clínica de pleno derecho.

Por el descubrimiento de los rayos X, Röntgen recibió los más altos honores y reconocimientos, entre ellos el premio Nobel, otorgado al alemán en la categoría de física en la primera edición en la que se concedió, la del año 1901. Sin embargo, ni los premios ni las medallas ni los honores más altos ayudaron a Röntgen a librarse de la espina que se le había quedado clavada: el minucioso profesor había descubierto los rayos X, sí, pero no había logrado averiguar cuál era su naturaleza. Aunque en su primer artículo ya apuntaba —correctamente— la posibilidad de que se tratara de radiación electromagnética, jamás llegó a corroborar su sospecha (pese a no verlo claro, Röntgen sabía que no podía descartar que los rayos X fueran partículas, tal como defendían algunos de sus contemporáneos).[7]

---

[7] Así había ocurrido con los rayos catódicos. En 1897, el inglés J. J. Thomson había demostrado que eran partículas cargadas negativamente (electrones). Para ello, había analizado cómo se curvaba la trayectoria de los rayos en presencia de un campo magnético. Aunque Röntgen ya había verificado en sus primeros experimentos que los rayos X eran

Con el paso del tiempo, los intentos de desvelar su esencia se sucedieron sin éxito: ni los partidarios de la hipótesis ondulatoria ni los seguidores de la corpuscular parecían capaces de encontrar solución a la disputa que los enfrentaba. Arnold Sommerfeld, el ufano catedrático de física teórica de la Universidad de Múnich —con quien volveremos a tropezarnos en breve—, llegó a afirmar en 1905 que era «una vergüenza que diez años después del descubrimiento aún no se supiera qué ocurría con los rayos X».

Entretanto, la radiología médica siguió avanzando por su lado a pasos de gigante, tanto en lo que respecta al desarrollo de estrategias de diagnóstico y tratamiento como de innovaciones en términos de eficiencia y seguridad. Y eso ocurrió independientemente de que se desconociera la naturaleza de aquella radiación enigmática que se obstinaba en hacer justicia a su nombre. Tendrían que transcurrir nada más y nada menos que diecisiete años desde el descubrimiento de Röntgen antes de que se lograra desvelar el misterio. Aunque cueste creerlo, cuando el doctor Behrens radiografió el tórax de Clawdia Chauchat, por quien Hans Castorp sentía un afecto sincero, nadie sabía aún qué diantres eran los rayos X.

Esa noche de finales de enero de 1912, Paul Peter Ewald, estudiante de doctorado de la Universidad de Múnich, regresó a casa notablemente decepcionado. Había quedado para cenar con Max Laue,[8] un joven profesor de la misma universidad, con la intención de que el docente lo ayudara a perfilar los últimos flecos de la tesis doctoral que estaba a punto de presentar. Ya imaginaba que Laue no estaría al tanto de los detalles del tema, pero no había previsto que no hubiera oído hablar en absoluto de él. De

---

inmunes a los campos magnéticos, eso no descartaba que no pudieran ser partículas: si hubieran sido eléctricamente neutrales, un campo magnético tampoco les habría afectado.

[8] Alguien puede pensar que sería más correcto llamarlo Max von Laue. Sin embargo, cabe puntualizar que el padre del científico, Julius Laue, no fue ennoblecido hasta el año 1913. Por tanto, en 1912 el hijo aún se llamaba simplemente Max Laue.

todos modos, no pasaba nada; seguro que, gracias a sus conocimientos, podría hacer aportaciones interesantes para dejar el trabajo bien terminado. Lamentablemente, las cosas no fueron como esperaba.

Según la crónica del propio Ewald, mientras paseaban por el Jardín Inglés de la ciudad bávara, camino de la casa de Laue, donde iban a cenar, el profesor aún había ido siguiendo su exposición con bastante atención. Sin embargo, a partir de un determinado momento, justo después de un par de puntualizaciones irrelevantes, Ewald tuvo la sensación de que Laue había dejado por completo de escucharlo, como si de golpe lo hubiera invadido el desinterés más absoluto. Y la sensación se prolongó, para desgracia de Ewald, hasta que ambos se despidieron después de cenar, sin que el joven profesor hubiera hecho ninguna aportación, ni tan siquiera de cortesía, en relación con su trabajo de tesis doctoral.

Bajo la dirección de Sommerfeld —¿verdad que habíamos dicho que nos lo volveríamos a encontrar?—, Ewald estaba trabajando en un modelo matemático que permitiera entender el comportamiento óptico de los sólidos cristalinos a partir de la respuesta individual de cada átomo a la excitación producida por la luz incidente. El punto de partida del modelo era un cristal en el que los átomos estaban dispuestos en los vértices de una red cúbica tridimensional, perfectamente regular y periódica. Cuando un haz de luz monocromática incidía en el cristal, cada átomo, excitado por la radiación, se convertía en un emisor secundario de ondas esféricas de la misma frecuencia (en lenguaje científico, el fenómeno se llama dispersión), que se superponían unas a otras y al haz incidente para dar lugar a la luz transmitida en el interior del material, por un lado, y al haz reflejado en dirección contraria, por otro. Con una complejidad de cálculo considerable, el modelo tenía que permitir determinar las principales propiedades ópticas del cristal, como, por ejemplo, el índice de refracción, una vez conocida la estructura del material.

Esa noche, cuando, después de haber planteado el problema, Ewald describió los resultados obtenidos con el modelo, Laue enseguida quiso saber cuál era la distancia entre los átomos adyacentes en un sólido cristalino. La respuesta del doctorando fue que no se conocía con exactitud, pero que se estimaba que debía ser unas mil veces menor que la longitud de onda de la luz visible. La siguiente pregunta fue inmediata: ¿sería válido el modelo si la longitud de onda fuera similar a la separación interatómica? El doctorando respondió afirmativamente, no sin asegurarse de dejar claro que habría que rehacer una parte del cálculo y que su prioridad era, por descontado, terminar su tesis doctoral. Fue en ese momento cuando Laue dejó de escucharlo.

En 1912, las tentativas para determinar la naturaleza de los rayos X se habían ido encadenando una tras otra. Una buena parte de ellas pretendía demostrar el carácter ondulatorio de la radiación y hay que admitir que se habían hecho progresos destacables en este sentido. Aún así, también hay que reconocer que hasta entonces no se había logrado nada definitivo, al menos, nada que los defensores de la hipótesis corpuscular no pudieran rebatir con argumentos convincentes. Lo que sí logró esa serie de tentativas fue un cierto consenso en torno a la longitud de onda que debían tener los rayos X en caso de confirmarse su naturaleza ondulatoria, una longitud que debía situarse en torno al ángstrom.[9] Y ese rango de valores era justo el que, según Ewald, correspondía a las distancias interatómicas en los sólidos cristalinos.

Ahora se entiende el porqué de la segunda pregunta de Laue la noche en la que cenaron juntos. El joven profesor se dio cuenta de que, de acuerdo con el modelo de Ewald, si se irradiaba un cristal con rayos X, cuando las ondas reemitidas por los átomos de la red cristalina se superpusieran, tenían que producirse figuras de difracción similares a las que se obtienen cuando la luz visible atraviesa un tejido. Al fin y al cabo, los átomos del material se comportarían de forma análoga a los orificios de la tela, que, en realidad, no son otra cosa que pequeños emisores secundarios de

---

[9] Un ángstrom corresponde a 10^{10} m.

la luz visible incidente, dispuestos en una red periódica tal como lo están los átomos en el sólido. Por tanto, si, al recoger en una placa fotográfica la radiación X dispersada por un cristal se obtenía un conjunto de manchas que reproducían un motivo geométrico simétrico, eso tenía que ser la prueba definitiva de que la radiación de Röntgen era realmente radiación electromagnética.

Cuando Laue se mostró ausente ante las explicaciones de Ewald el día de la cena, no fue porque no le interesara el trabajo de la tesis ni porque le hubiera ofendido que el doctorando no estuviera dispuesto a rehacer el cálculo de acuerdo con su capricho. La cuestión era que, de repente, había tenido esa intuición brillante y que, en cuanto la idea se le hubo metido en la cabeza, ya no pudo pensar en nada más.

Cuantas más vueltas le daba, más se convencía Laue de que la idea concebida durante su cena con Ewald tenía que permitir demostrar el carácter ondulatorio de los rayos X. El experimento —lo veía muy claro— tenía que hacerse fuera como fuese. El problema era que no sabía muy bien cómo abordarlo. El joven profesor era un teórico. Cuando se trataba de imaginar modelos para explicar los fenómenos a los que se enfrentaba y resolver las ecuaciones que tenían que predecir su comportamiento, se sentía como pez en el agua. Sin embargo, dentro del laboratorio, tenía más bien la sensación de que la realidad se ponía en su contra.

La suerte quiso que Walter Friedrich, un joven físico experimental que trabajaba con rayos X, se enterara de la idea que había tenido Laue y se ofreciera a llevar a cabo la prueba. Para un defensor de la hipótesis ondulatoria como él, la oportunidad no se podía dejar escapar. Desafortunadamente, su buena disposición enseguida se topó con la oposición de Sommerfeld, de quien era asistente. A Sommerfeld no le hacía ninguna gracia que su colaborador abandonara de forma temporal los experimentos que tenía encomendados para dedicarse a la realización de una prueba cuyo éxito era demasiado incierto. Porque el eminente catedrático estaba convencido —sin bien erróneamente— de que el movimiento de agitación térmica de los átomos del cristal perturbaría el orden de la red cristalina lo suficiente para impedir la observación de la figura de difracción esperada.

Vistos con perspectiva, los argumentos de Sommerfeld eran razonables y por sí solos ya justificaban su negativa de autorizar a Friedrich a tomar parte en el experimento. Pero, había algo más. En esos años, la relación entre Laue y él no pasaba por el mejor momento. Los dos profesores habían protagonizado peleas memorables que —¿por qué negarlo?— también influyeron en la reticencia inicial del catedrático a dar el visto bueno a su ayudante. Por fortuna, la obstinada insistencia de Friedrich, una inusual mano izquierda por parte de Laue y la incorporación de un tercer miembro al equipo, Paul Knipping (estudiante de doctorado de Röntgen, precisamente), consiguieron por fin doblegar la voluntad del irreductible Sommerfeld.

A principios de la primavera de 1912, Friedrich y Knipping tenían listo el dispositivo experimental. Una fuente de rayos X emitía un haz de radiación que incidía perpendicularmente sobre una de las caras de un cristal de sulfato de cobre. Alrededor del cristal, y en diversas posiciones, habían colocado hasta cinco placas fotográficas que, sometidas a periodos de exposición de varias horas, recogían la radiación dispersada por la red cristalina. Si todo iba bien, tenían que mostrar, una vez reveladas, las figuras de difracción predichas por Laue.

Tres de las placas quedaron ennegrecidas de manera uniforme, tal como ya le había ocurrido a Röntgen años atrás con sus primeros experimentos, pero hubo dos, las que habían situado perpendicularmente a la trayectoria de los rayos a continuación del cristal, en las que se intuían unas manchas separadas entre sí (Figura 8a). La distribución no presentaba la simetría esperada, sin duda, pero el mero hecho de obtener un conjunto de manchas en vez de un oscurecimiento homogéneo de la película ya era un indicio esperanzador. Ajustando algunos parámetros experimentales y mejorando la posición de la muestra respecto del haz incidente, los dos científicos fueron obteniendo diagramas de manchas cada vez más regulares y simétricos, cada vez más evocadores de las figuras de difracción que se observan al mirar una fuente luminosa a través de un tejido (Figura 8b). Al fin, pudo decirse sin rodeos que los rayos X eran un fenómeno ondulatorio.[10]

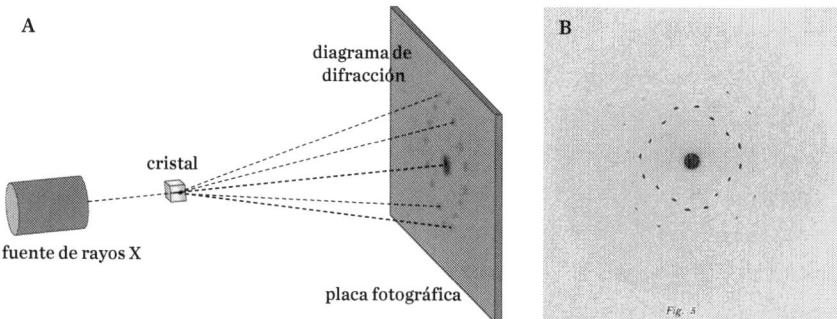

Figura 8. A. Experimento de Laue, Friedrich y Knipping. Se irradia un cristal con un haz de rayos X y se recoge la radiación dispersada en una placa fotográfica. La presencia de una figura de difracción demuestra que la naturaleza de los rayos X es ondulatoria (esquema del autor) B. Figura de difracción de un cristal de sulfato de cobre publicada en el trabajo original de Laue, Friedrich y Knipping de 1912 (Wikimedia Commons).

Laue no se había equivocado: gracias a que las distancias interatómicas en los sólidos cristalinos son similares a las longitudes de onda de los rayos X, los efectos de la difracción cuando la radiación atraviesa un cristal pueden percibirse con mucha claridad (no como en el caso de la luz visible, donde el efecto es inapreciable debido a que su longitud de onda es miles de veces mayor). Y, realmente, fue así como se demostró que esa extraña radiación que parecía penetrarlo todo correspondía, de hecho, a la continuación del espectro electromagnético por el lado de las altas fre-

---

[10] La dualidad onda-partícula a la que nos hemos referido al final del capítulo 4 permitiría matizar la afirmación. En cualquier caso, en 1912 esa dualidad apenas empezaba a adivinarse.

cuencias, más allá del ultravioleta. Justo como Röntgen, su descubridor, había pronosticado diecisiete años antes.

El experimento de Laue, Friedrich y Knipping representó la prueba definitiva de que los rayos X eran radiación electromagnética. Pero eso no era todo. El descubrimiento llevaba implícita una segunda consecuencia que no podemos dejar al margen de esta historia bajo ningún concepto: al constatar que un cristal tenía el poder de difractar los rayos X, se demostraba que los sólidos cristalinos consisten en retículos periódicos de átomos, una hipótesis aceptada por muchos científicos desde mediados del siglo XIX, pero que aún no se había verificado empíricamente. Y, por si fuera poco, por ende, se proporcionaba una técnica de análisis de la estructura de los materiales con un poder de definición inimaginable hasta entonces. Irradiando una muestra con rayos X y analizando la figura de difracción resultante se podía determinar la distribución de los átomos en el material.

Ese día de noviembre de 1895, Röntgen se había quedado estupefacto al contemplar la sombra de sus falanges proyectada en una placa fluorescente. Diecisiete años después, con el descubrimiento de la difracción de rayos X, la mirada se hacía aún más penetrante. Para ser exactos, cien millones de veces más penetrante, porque se pasaba de observar objetos de dimensiones humanas en una radiografía a escudriñar la estructura interna de los materiales a escala atómica en un difractograma.

Así se supo, por ejemplo, que, en la sal común, los iones de sodio y los de cloro se disponen alternativamente en los vértices de un cubo, tal como también se encuentran los átomos de carbono en la red cristalina del diamante; y que, en cambio, en el grafito, que consiste asimismo en carbono y nada más, los átomos se organizan en una red hexagonal de minúsculas láminas que se superponen unas sobre otras.[11] O bien que el cuarzo, tan

---

[11] Por eso el grafito es un buen material para hacer minas de lápiz: las láminas se exfolian fácilmente cuando escribimos y, al ser tan pequeñas, se adhieren al papel con facilidad.

abundante en la corteza terrestre, consiste en una red de tetraedros de silicio y oxígeno, cada uno compuesto por un átomo de silicio en el centro y un átomo de oxígeno en cada vértice de la pirámide (en realidad, las cautivadoras figuras geométricas de la mayoría de los minerales son un reflejo de la ordenación a escala atómica de sus constituyentes).

Paso a paso, los distintos materiales conocidos y los nuevos que se iban sintetizando fueron rindiéndose a la nueva técnica y dejando sus entrañas al descubierto. Y no solo los materiales inorgánicos como las cerámicas o los metales. Empezando por los simples anillos de los hidrocarburos aromáticos y acabando por los enrevesados plegamientos de muchas proteínas o las monstruosas formas de algunos virus, también la estructura interna de la materia orgánica cayó víctima del ojo impúdico de la radiación. Cualquier sustancia cristalina o que pudiera cristalizarse se encontraba al alcance de la mirada escrutadora de los rayos X. Una mirada que nos permitió entender tanto el orden de las moléculas de agua en un copo de nieve como la distribución de los grupos fosfato, azúcares y bases nitrogenadas en la doble hélice del ADN.

EPÍLOGO

El lector atento se habrá dado cuenta de que la historia del descubrimiento del espectro sigue inconclusa. De todas las radiaciones descritas en el preludio (ondas de radio, infrarrojo, luz visible, etc.) hay una, los rayos gamma, que no ha hecho acto de presencia en ninguno de los capítulos. Ni tan siquiera se la ha mencionado tímidamente. La banda más alta de la escala de frecuencias, flanqueada en un lado por los rayos X y sin horizonte distinguible en el otro, parece haber quedado al margen de la narración.

No obstante, a continuación veremos que no es exactamente así, que no es que nos hayamos olvidado de la radiación gamma o que no merezca un espacio entre estas líneas. Es solo que la crónica de cómo se descubrió no requiere en absoluto el grado de detalle que hemos dedicado a la serie de descubrimientos que la precedieron. Por eso la hemos relegado al epílogo.

Pronto lo entenderemos.

Casi nadie conoce a Paul Villard hoy en día. Este personaje atípico, nacido en 1860 en un pequeño municipio cerca de Lyon, ejerció de profesor de enseñanza secundaria en Montpellier hasta que, cada vez más apasionado por la ciencia, decidió dejar el trabajo, trasladarse a París y entregarse en cuerpo y alma a la investigación científica. Como disponía de una pequeña fortuna y no tenía una familia que mantener, las rentas de su patrimonio le bastaban para cubrir sus necesidades más básicas, por lo que podía permitirse el lujo de no tener que trabajar para vivir. En cualquier caso, eso no significa que no trabajara; en realidad, no hizo otra cosa a lo largo de su vida.

En París, Villard llegó a un acuerdo con el departamento de química de la École Normale, uno de los centros universitarios más prestigiosos de la ciudad, para que le permitieran hacer uso de sus instalaciones a cambio de no recibir ninguna remuneración por los experimentos que llevara a cabo en ellas. La actividad que desarrolló en la École a raíz de ese trato fue tan intensa que, pasados unos años, las autoridades universitarias incluso le ofrecieron un pequeño laboratorio para él solo, un espacio que no tardó en convertir en su particular fortaleza de soledad y donde pasaba prácticamente todas las horas del día (tanto era así que muy pocas personas le conocían otra dirección). A pesar de esa dedicación a la ciencia, incondicional y obsesiva, Villard jamás intentó conseguir un puesto académico, ni en la universidad ni en ninguna otra parte. Y, aunque en ningún momento les hizo ascos a los reconocimientos que recibió por parte de la comunidad científica, siempre mostró un total desinterés por la fama, el prestigio o el beneficio que se pudiera sacar de sus descubrimientos. El mundo de Villard se reducía al laboratorio y al trabajo que realizaba en él; y nada más. Tan solo al final de su vida, con la salud manifiestamente deteriorada, aceptó abandonar por un tiempo la capital —y, por supuesto, el laboratorio— en busca de aires más puros. La muerte lo alcanzó a media estancia el 13 de enero de 1934, en una habitación del hotel Terminus de Bayona.[1]

---

[1] Hay quien dice que a la portadora de la guadaña le costó Dios y ayuda encontrarlo. Ni tan siquiera ella esperaba que pudiera estar en otro lugar que no fuera la Rue de Ulm 45 de París, la dirección de la École.

En el punto álgido de su carrera, en los últimos años del siglo, Villard vivió el esplendor de la radiactividad. El fenómeno había sido descubierto en 1896 por el francés Henri Becquerel, quien lo detectó por primera vez en sales de uranio ya conocidas entonces. Poco después, en 1898, el matrimonio Curie[2] identificó los dos primeros nuevos elementos radiactivos, el polonio y el radio, con niveles de actividad más altos que los que se habían encontrado hasta el momento en cualquier otro elemento. Cuando, siguiendo los pasos de Becquerel y Curie, Villard empezó a experimentar con muestras de radio, ya se sabía que la radiación[3] emitida por los materiales radiactivos no era homogénea. Los experimentos realizados hasta entonces indicaban que esos materiales emitían de forma espontánea dos clases distintas de rayos: la radiación alfa, con un bajo poder de penetración (bastaba con una hoja de papel para detenerla), y la radiación beta, con un poder de penetración más alto (atravesaba la hoja de papel con facilidad, pero un grosor equivalente de aluminio la detenía por completo). Actualmente, sabemos que los dos tipos de rayos corresponden a partículas con masa emitidas por los núcleos de los átomos (la radiación beta son electrones, y la alfa, núcleos de helio), pero por aquel entonces las cosas no estaban tan claras. Se había demostrado que los rayos beta podían desviarse con un campo magnético y, por tanto, todo indicaba que eran partículas cargadas eléctricamente. Por el contrario, nadie había logrado aún desviar los rayos alfa. En 1900, Becquerel descubrió que los rayos beta eran idénticos a los rayos catódicos, lo que por fin dejó claro que no eran otra cosa que electrones. Y, antes de que se llegara a saber qué ocurría con los rayos alfa, el antiguo profesor de secundaria entró en escena para enredar un poco más la madeja.

---

[2] El matrimonio estaba formado por Pierre Curie, francés, y Maria Skłodowska, polaca.

[3] En el contexto de la física nuclear, el término radiación se utiliza tanto para la radiación electromagnética de la que nos hemos ocupado hasta ahora como para la emisión de partículas con masa (electrones, partículas alfa). Conviene no confundir la una con las otras.

El día 9 de abril de 1900, Villard presentó un trabajo en la Académie des Sciences de París en el que ampliaba con un nuevo ejemplar la fauna de radiaciones que emitían los materiales radiactivos. En un experimento que recordaba a los de Röntgen con los rayos X, pero utilizando como fuente una muestra de radio en vez de un tubo de rayos catódicos, el científico identificó una traza sobre una placa fotográfica que en modo alguno podía corresponder ni a la radiación alfa ni a la beta. El nuevo espécimen viajaba en línea recta, incluso cuando se lo sometía a los campos magnéticos más intensos, y tenía un poder de penetración mayor que el de cualquier otra radiación conocida. Sin saber muy bien qué era, Villard aventuró que, de acuerdo con el comportamiento que mostraba, podía tratarse de una especie de rayos X, más penetrantes que los conocidos hasta entonces. Según él, por tanto, esa emanación —que ahora llamamos rayos gamma— debía ser de naturaleza electromagnética. Por desgracia, y al igual que le había ocurrido a Röntgen, no logró demostrarlo. Habría que esperar hasta 1914 para que el neozelandés Ernest Rutherford, el padre de la física nuclear, lo confirmara. Y lo hizo, precisamente, con un experimento de difracción en cristales muy similar al de Laue, Friedrich y Knipping de dos años antes.

El descubrimiento de la radiación gamma fue —es evidente— un calco casi exacto del de los rayos X. Ahora podemos entender lo que decíamos al principio del epílogo, que no hacía falta dedicar un capítulo entero a explicarla. De hecho, incluso cabría plantearse si habría que considerarla verdaderamente una nueva clase de radiación.

Villard nunca se refirió a la radiación que había descubierto como rayos gamma. Para él siempre fue esa «especie de rayos X». El autor de la nueva denominación fue Rutherford, a quien, a la hora de designar el tercer producto de la radiactividad, le pareció conveniente continuar el orden alfabético inaugurado por las radiaciones alfa y beta. Y el nombre hizo fortuna: a partir de la primera década del siglo XX, quien más quien menos empleó la tercera letra del alfabeto griego para referirse a las ondas electromagnéticas emitidas por los núcleos radiactivos.

El problema surgió cuando se descubrió que había procesos nucleares que emitían radiación electromagnética con frecuencias claramente dentro del rango de los rayos X. Y, paralelamente, innovaciones tecnológicas posteriores permitieron disponer de fuentes de rayos X con frecuencias cada vez más elevadas, coincidentes con las emitidas por la mayoría de los elementos radiactivos. Con un solapamiento tan claro entre la recién descubierta radiación gamma y la ya conocida radiación X, ¿tenía sentido continuar diferenciándolas? Porque, a fin de cuentas, es la frecuencia lo que determina la naturaleza de la radiación y no la fuente que la ha generado. Sorprendentemente, todo el mundo siguió haciendo como si nada y, para un abanico amplio de frecuencias, aún hoy llamamos gamma a las ondas electromagnéticas de origen nuclear y X a las de origen electrónico, sin importarnos mucho que unas y otras puedan ser exactamente lo mismo. En algún momento hemos puesto de manifiesto que la frontera entre los distintos tipos de radiación suele ser difusa; en este caso apenas existe.

Sin embargo, la ambigüedad desaparece a medida que nos adentramos en el espectro. Porque, cuando va aumentando la frecuencia, llega un punto en el que alcanzamos valores más altos que los que pueda proporcionarnos cualquier elemento radiactivo o que los que consigamos generar por medios artificiales. Nos referimos a las elevadísimas frecuencias que solo encontramos en la radiación que proviene del espacio, una radiación generada en objetos estelares lejanos bajo condiciones extremas con unos mecanismos de producción que pueden ser muy diversos. Dado que, cuando la detectamos, suele ser imposible determinar con exactitud su mecanismo de origen, la problemática mencionada deja de tener sentido. Para las frecuencias más elevadas del espectro utilizamos, pues, el término radiación gamma sin temor a confundirnos con los rayos X.

Las máximas frecuencias que se han detectado en la radiación electromagnética proveniente del espacio se encuentran en torno a los 10^{28} Hz. Cuando las comparamos con la de la radiación descubierta por Villard, de entre 10^{20} y 10^{21} Hz, nos damos cuenta de la desmesura. Existe una diferencia de hasta ocho órdenes de magnitud entre ellas; es decir, la frecuencia de la radiación cósmica puede llegar a ser cien millones de veces mayor que la que observó Villard en la desintegración del radio. Y aún así hay que recordar que ambas pertenecen a la misma sección del espectro, la de los rayos gamma. Si además nos desplazamos a una sección distinta, la comparación da vértigo. Tomemos, por ejemplo, la radiación del teléfono móvil, en la banda alta de las ondas de radio. Su frecuencia es del orden de 10^9 Hz. Eso significa que el campo electromagnético asociado oscila a un ritmo de mil millones de veces por segundo, un valor que a escala humana ya nos cuesta imaginar. Pues bien, en los rayos gamma más extremos tenemos frecuencias diez trillones de veces más altas todavía. Si no fuera por las potencias de 10, la cifra nos resultaría imposible de digerir.

Esas cantidades nos ayudan a tomar conciencia de la amplitud del espectro. Tanto si la expresamos en frecuencia como en longitud de onda, la escala que discurre entre la banda más baja de la radiofrecuencia y la más alta de los rayos gamma es inmensa. Pocos fenómenos naturales presentan un rango de variación tan grande, al menos en nuestro planeta. Tomando como límite inferior de las ondas de radio las frecuencias más bajas que tenemos en la Tierra y como límite superior las más altas de los rayos gamma cósmicos, la escala se expande a lo largo de casi treinta órdenes de magnitud, desde los 10 hasta los 10^{28} Hz. Ante una extensión tan fabulosa, ¡qué poca cosa nos parece ahora ese minúsculo fragmento de escala, entre el rojo y el violeta, con el que empezó todo!

Cuentan que al final de su vida, en un inesperado arrebato de modestia, Newton soltó una sentencia que años después se convirtió en una de las frases más populares del científico: «No sé cómo me verá el mundo, pero a mis ojos me parece haber sido solo un niño que jugaba a orillas del mar y se divertía encontrando, aquí y allá, una piedrecita más lisa o una concha más bonita que el resto, mientras el gran océano de la verdad se extendía inexplorado ante mí».

Aunque varios biógrafos la mencionan sin cuestionarla, hay razones para creer que la cita es apócrifa. En realidad, no la encontramos por escrito hasta 1820, casi un siglo después de la muerte del genio de Woolsthorpe. Pero no importa. Tanto si es de Newton como si no, es una bonita metáfora de la investigación científica. Ahora bien, si la frase hubiera sido realmente suya, podríamos añadir a la metáfora un cierto aire profético de lo más apropiado para la narración que nos ocupa. Porque, según cómo se mire, da la impresión de que también nos esté hablando del descubrimiento del espectro cromático y de todas las radiaciones que se descubrieron a continuación. Al fin y al cabo, el abanico de colores que Newton desveló con el prisma en sus años de juventud no era más que una ínfima parte —una piedrecita o una concha— del inmenso océano del espectro de radiación electromagnética que se extendía, desconocido e inexplorado, ante él: un mar indefinido de todos los colores posibles. Vista así, la frase adquiere unos matices insospechados y nos proporciona, a la vez, la excusa perfecta para poner punto final a una historia que nunca sabremos si ha terminado del todo.

BIBLIOGRAFÍA

Bibliografía general

CASSIDY, D.; HOLTON, G.; RUTHERFORD, J. (2002). *Understanding physics*, Springer, Nueva York.

CROPPER, W. H. (2001). *Great physicists: the life and times of leading physicists from Galileo to Hawking*, Oxford University Press, Nueva York.

DARRIGOL, O. (2012). *A history of optics: from Greek antiquity to the nineteenth century*, Oxford University Press, Oxford.

JAMES, I. (2004). *Remarkable physicists: from Galileo to Yukawa*, University Press, Cambridge.

McCLELLAN, J. E.; DORN, H. (2006). *Science and technology in world history*, The Johns Hopkins University Press, Baltimore.

NYE, M. J. (ed.) (2002). *The Cambridge history of science*, vol. 5, *The modern physical and mathematical sciences*, Cambridge University Press, Cambridge.

PARK, K.; DASTON, L. (eds.) (2006). *The Cambridge history of science*, vol. 3, *Early modern science*, Cambridge University Press, Cambridge.

PORTER, R. (ed.) (2003). *The Cambridge history of science*, vol. 4, *Eighteenth-century science*, Cambridge University Press, Cambridge.

WOOTTON, D. (2015). *The invention of science*, Allen Lane, Penguin Random House, Londres. [Hay trad. cast.: *La invención de la ciencia*, Crítica, Barcelona, 2017].

Bibliografía específica

Capítulo 1. Historia de dos científicos

BODANIS, D. (2005). *Electric universe*, Three Rivers Press, Nueva York. [Hay trad. cast.: *El universo eléctrico*, Planeta, Barcelona, 2006].

DARRIGOL, O. (2000). *Electrodynamics from Ampère to Einstein*, Oxford University Press, Oxford.

ELLIOTT, R. S. (1993). *Electromagnetics: history, theory and applications*, IEEE Press, Nueva York.

FARADAY, M. (1849). *Experimental researches in electricity*, vol. 1, Richard y John Edward Taylor, Londres.

FORBES, N.; MAHON, B. (2014). *Faraday, Maxwell, and the electromagnetic field: how two men revolutionized physics*, Prometheus Books, Nueva York.

JAMES, F. A. J. L. (ed.) (1999). *The correspondence of Michael Faraday*, vol. 4, The Institution of Engineering and Technology, Londres.

MAXWELL, J. C. (1855). «On Faraday's lines of force», en: *Transactions of the Cambridge Philosophical Society*, vol. X, parte I, págs. 27-83, Cambridge University Press, Cambridge.

MAXWELL, J. C. (1865). «A dynamical theory of the electromagnetic field», *Philosophical Transactions of the Royal Society of London*, vol. 155, págs. 459-512.

MAXWELL, J. C. (2006). *Escrits científics i d'assaig*, Institut d'Estudis Catalans / Pórtico / Eumo, Barcelona / Vic. [Hay trad. cast.: *Escritos científicos*, Consejo Superior de Investigaciones Científicas, 1998].

NIXON, J. V. (2005). «"Lost in the vast worlds off wonder": Dickens and Science», *Dickens Studies Annual*, vol. 35, págs. 267-333.

RUSSELL, C. A. (2000). *Michael Faraday: Physics and Faith*, Oxford University Press, Oxford.

Capítulo 2. *Experimentum crucis*

GRUSCHE, S. (2015). «Revealing the nature of the final image in Newton's *experimentum crucis*», *American Journal of Physics*, vol. 83, núm. 7, págs. 583-589.

GUERLAC, H. (1986). «¿Can there be colors in the dark? Physical color theory before Newton», *Journal of the History of Ideas*, vol. 47, núm. 3, págs. 3-20.

HACKER, P. M. S. (1986). «¿Are secondary qualities relative?», *Mind*, vol. 95, núm. 378, págs. 180-197.

LOHNE, J. A. (1968). «*Experimentum crucis*», *Notes and Records of the Royal Society of London*, vol. 23, núm. 2, págs. 169-199.

TAKUWA, Y. (2013). «The historical transformation of Newton's *experimentum crucis*: pursuit of the demonstration of color immutability», *Historia Scientiarum*, vol. 2, págs. 113-140.

THE NEWTON PROJECT: http://www.newtonproject.ox.ac.uk/. Disponible la obra completa de Isaac Newton. En particular: *Of colours* (1666), *New theory about light and colours* (1672), *Philosophiae naturalis principia mathematica* (1687) y *Opticks* (1704).

WESTFALL, R. S. (1962). «The development of Newton's theory of color», *Isis*, vol. 53, núm. 3, págs. 339-358.

WESTFALL, R. S. (1986). *Never at rest: a biography of Isaac Newton*, Cambridge University Press, Cambridge.

Capítulo 3. «...si puede haber colores en la oscuridad»

ARMITAGE, A. (1962). *William Herschel*, Thomas Nelson and Sons, Londres.

BODANIS, D. (2006). *Passionate minds: Émilie du Châtelet, Voltaire, and the great love affair of the Enlightenment*, Three Rivers Press, Nueva York.

DEENEY, N. (1983). «The romantic science of J. W. Ritter», *The Maynooth Review*, vol. 8, págs. 43-59.

DU CHÂTELET, E. (1744*). Dissertation sur la nature et la propagation du feu*, Chez Prault, Fils, París. [Hay trad. cast.: *Disertación sobre la naturaleza y la propagación del fuego*, Complutense, Madrid, 1994. Disponibles a través de Google Books].

FRERCKS, J.; WEBER, H.; WIESENFELDT, G. (2009). «Reception and discovery: the nature of Johann Wilhelm Ritter's invisible rays», *Studies in History and Philosophy of Science*, vol. 40, núm. 2, págs. 143-156.

HERSCHEL, W. (1800). «Investigation of the powers of the prismatic colours to heat and illuminate objects; with remarks, that prove the different refrangibility of radiant heat. To which is added, an inquiry into the method of viewing the sun advantageously, with telescopes of large apertures and high magnifying powers», *Philosophical Transactions of the Royal Society of London*, vol. 90, págs. 255-283.

HERSCHEL, W. (1800). «Experiments on the refrangibility of the invisible rays of the sun», *Philosophical Transactions of the Royal Society of London*, vol. 90, págs. 284-292.

HERSCHEL, W. (1800). «Experiments on the solar, and on the terrestrial rays that occasion heat; with a comparative view of the laws to which light and heat, or rather the rays which occasion them, are subject, in order to determine whether they are the same, or different (Part I)», *Philosophical Transactions of the Royal Society of London*, vol. 90, págs. 293-326.

HERSCHEL, W. (1800). «Experiments on the solar, and on the terrestrial rays that occasion heat; with a comparative view of the laws to which light and heat, or rather the rays which occasion them, are subject, in order to determine whether they are the same, or different (Part II)», *Philosophical Transactions of the Royal Society of London*, vol. 90, págs. 437-538.

HOLDEN, S. E. (1880). *Sir William Herschel: his life and works*, Charles Scribner's Sons, Nueva York.

HOSKIN, M. (2011). *Discoverers of the universe: William and Caroline Herschel*, Princeton University Press, Princeton.

MARTINS, R. A. (2007). «Ørsted, Ritter, and magnetochemistry», en: Brain, R. M.; Cohen, R. S.; Knudsen, O. (eds.). *Hans Christian Ørsted and the romantic legacy in science*, Springer, Dordrecht.

SCOTT BARR, E. (1960). «Historical survey of early development of the infrared spectral region», *American Journal of Physics*, vol. 28, núm. 1, págs. 42-54.

VOLTAIRE (2013). *Éléments de la philosophie de Newton*, Editions La Bibliothèque Digitale. [Hay trad. cast.: *Elementos de la filosofía de Newton*, Universidad del Valle, Colombia, 1996].

WHITE, J. R. (2012). «Herschel and the puzzle of infrarred», *American Scientist*, vol. 100, núm. 3, pág. 218.

ZINSSER, J. P. (2007). *Émilie du Châtelet, daring genius of the Enlightenment*, Penguin Books, Nueva York.

Capítulo 4. La doble rendija

ADKINS, L.; ADKINS, R. (2000). *The keys of Egypt: the race to crack the hieroglyph code*, Harper Collins, Nueva York. [Hay trad. cast.: *Las claves de Egipto: la carrera por leer los jeroglíficos*, Debate, Barcelona, 2000].

ATCHINSON, D. A.; CHARMAN, W. N. (2010). «Tomas Young's contribution to visual optics: the Bakerian lecture "On the mechanism of the eye"», *Journal of Vision*, vol. 10, núm. 12.

CERAM, C. W. (1986). *Déus, tombes i savis*, Destino. [Hay trad. cast.: *Dioses, tumbas y sabios*, Booklet, 2001].

DARRIGOL, O. (2010). « The analogy between light and sound in the history of optics from the ancient Greeks to Isaac Newton», parte 2, *Centaurus*, vol. 52, núm. 2, págs. 206-257.

LOVELL, D. J. (1968). «Herschel's dilemma in the interpretation of thermal radiation», *Isis*, vol. 59, núm. 1, págs. 46-60.

PEACOCK, G. (1855). *Life of Thomas Young*, John Murray, Londres.

PESIC, P. (2013). «Thomas Young's musical optics: translating sound into light», *Osiris*, vol. 28, núm, 1, págs. 15-39.

RAY, J. (2008). *The Rosetta stone and the rebirth of ancient Egypt*, Profile Books, Londres.

ROBINSON, A. (2007). *Last man who knew everything*, Oneworld Publications, Oxford.

RUPERT HALL, A. (1990). «Beyond the fringe: diffraction as seen by Grimaldi, Fabri, Hooke and Newton», *Notes and Records: The Royal Society Journal of the History of Science*, vol. 44, núm. 1, págs. 13-23.

YOUNG, T. (1800). «Outlines of experiments and inquiries respecting sound and light», *Philosophical Transactions of the Royal Society of London*, vol. 90, págs. 106-150.

YOUNG, T. (1801). «The Bakerian lecture. On the mechanism of the eye», *Philosophical Transactions of the Royal Society of London*, vol. 91, págs. 23-88.

YOUNG, T. (1802). «The Bakerian lecture. On the theory of light and colors», *Philosophical Transactions of the Royal Society of London*, vol. 92, págs. 12-48.

YOUNG, T. (1803). «The Bakerian lecture. Experiments and calculations relative to physical optics», *Philosophical Transactions of the Royal Society of London*, vol. 94, págs. 1-16.

YOUNG, T. (1845). *A course of lectures on natural philosophy and the mechanical arts*, vols. I y II, Taylor and Walton, Londres.

Capítulo 5. Cuestión de distancia

AITKEN, H. G. J. (1985). *Syntony and spark: the origins of radio*, Princeton University Press, Princeton.

BEAUCHAMP, K. (2001). *History of telegraphy*, Institution of Engineering and Technology, Londres (IET History of Technology, 26).

BEYNON, W. J. G. (1969). «The physics of the ionosphere», *Science Progress*, vol. 57, núm. 227, págs. 415-433.

BROWN, L. (1999). *Technical and military imperatives: a radar history of World War II*, Institute of Physics Publishing, Cambridge.

BUCHWALD, J. Z. (1994). *The creation of scientific effects: Heinrich Hertz and electric waves*, The University of Chicago Press, Chicago.

BUCHWALD, J. Z.; YEANG, C.; STEMEROFF, N.; BARTON, J.; HARRINGTON, Q. (2020). «What Heinrich Hertz discovered about electric waves in 1887-1888», *Archive for History of Exact Sciences*, vol. 75, núm. 2, págs. 125-171.

BURNS, R. W. (2004). *Communications: an international history of formative years*, Institution of Engineering and Technology, Londres (IET History of Technology, 32).

CASSON, L. (1994). *Travel in the ancient world*, The Johns Hopkins University Press, Baltimore.

D'AGOSTINO, S. (1975). «Hertz's researches on electromagnetic waves», *Historical Studies in the Physical Sciences*, vol. 6, págs. 261-323.

DARRIGOL, O. (2000). *Electrodynamics from Ampère to Einstein*, Oxford University Press, Oxford.

FACCIO, D.; CLERICI, M.; TAMBUCHI, D. (2006). «Revisiting the 1888 Hertz experiment», *American Journal of Physics*, vol. 74, núm. 11, págs. 992-994.

GARRATT, G. R. M. (2001). *The early history of radio: from Faraday to Marconi*, The Institution of Engineering and Technology, Londres (IET History of Technology, 20).

HERTZ, H. (1990). *Las ondas electromagnéticas*, selección, introducción, traducción, notas y apéndices de M. García Doncel y X. Roqué, Publicacions de la Universitat Autònoma de Barcelona, Bellaterra.

SIMPSON, T. (2018). «Revisiting Heinrich Hertz's 1888 laboratory», *IEEE Antennas & Propagation Magazine*, vol. 60, núm. 4, págs. 132-140.

SMITH, G. S. (2016). «Analysis of Hertz's *experimentum crucis* on electromagnetic waves», *IEEE Antennas & Propagation Magazine*, vol. 58, núm. 5, págs. 96-108.

YEANG, C. (2003). «The study of long-distance radio-wave propagation, 1900-1919», *Historical Studies in the Physical and Biological Sciences*, vol. 33, núm. 2, págs. 369-403.

Capítulo 6. Una mirada penetrante

AUTHIER, A. (2013). *Early days of X-ray crystallography*, Oxford University Press, Oxford.

ECKERT, M. (2012). «Disputed discovery: the beginnings of X-ray diffraction in crystals in 1912 and its repercussions», *Acta Crystallographica A*, vol. 68, págs. 30-39.

ECKERT, M. (2012). «Max von Laue and the discovery of X-ray diffraction in 1912», *Annalen der Physik*, vol. 524, núm. 5, págs. A83-A85.

EISENBERG, L. R. (1992). *Radiology: illustrated history*, Mosby Year Book, San Luis.

FORMAN, P. (1969). « The discovery of the diffraction of X-rays by crystals; a critique of the myths», *Archive for History of Exact Sciences*, vol. 6, núm. 1, págs. 38-71.

GLASSER, O. (1995). «W. C. Roentgen and the discovery de Roentgen rays», *American Journal of Roentgenology*, vol. 165, págs. 1033-1040.

MADDOX, B. (2003). *Rosalind Franklin: the dark lady of DNA*, Harper Collins, Londres.

MINGOS, D. M. P. (2020). «Early history of X-ray crystallography», en Mingos, D. M. P.; Raithby, P. R. (eds.). *21st century challenges in chemical crystallography I*, Springer, Cham (Structure and Bonding, 185).

MOULD, R. F. (1995). «The early history of X-ray diagnosis with emphasis on the contributions of physics 1895-1915», *Physics in Medicine and Biology*, vol. 40, núm. 11, pág. 1741.

NÜSSLIN, F. (2020). «Wilhelm Conrad Röntgen: the scientist and his discovery», *Physica Medica*, vol. 79, págs. 65-68.

ROSENBUSCH, G.; KNECHT-VAN EEKELEN, A. DE (2019). *Wilhelm Conrad Röntgen: the birth of radiology*, Springer, Cham.

SELIGER, H. H. (1995). «Wilhelm Conrad Röntgen and the glimmer of light», *Physics Today*, vol. 48, núm. 11, págs. 25-31.